ハクビシンの不思議

どこから来て、どこへ行くのか

増田隆一［著］

Ryuichi MASUDA

The Masked Palm Civet in Mysterious History

東京大学出版会

The Masked Palm Civet in Mysterious History
Ryuichi MASUDA
University of Tokyo Press, 2024
ISBN978-4-13-063958-3

ハクビシンの不思議／目次

ハクビシンの不思議

序章　ハクビシンの不思議を探る

本書を手にとっていただいた方は、どこかで「ハクビシン」という動物の名をお聞きになったことがあることと思う。または、「ハクビシン」とはなに？　という疑問をもってご覧になっているかもしれない。

ハクビシンは、日本をはじめ東アジアや東南アジアに広く生息するアジアに特有の哺乳類であるが、現在でもさまざまな謎を秘めた動物である。その名前の由来、外観の多様性、生活様式、地理的分布、日本での在来種説vs外来種説、農業被害など人間社会での問題点、今後の行方……。本書では七つの章に分けて、これらの謎をひもといていくことにする。種々の文献を参考にするとともに、私たちの研究室で取り組んできた遺伝子研究の成果を交えながら探っていきたい。

まず、第1章「ハクビシンとはどんな動物か」では、ハクビシンの生物学的な特徴を浮き彫りにするため、形態的特徴、分布域、生息環境、食性、行動様式、進化、分類学的位置づけなどを紹介する。元来、自然分布している東南アジアや東アジアのハクビシンが話題の中心となる。

第2章「日本のハクビシン」では、いつから日本にハクビシンが分布しているのかについて、歴史上の古文書や文献にもとづいてたどっていく。また、第1章で紹介した自然分布に対して、日本のハクビシンについては、在来種説と外来種説が長い間議論されてきた。両仮説の根拠と論点を述べる。そのなかで、江戸時代の古文書や絵図に出てくるハクビシンらしき動物も紹介する。また、なぜハクビシンと呼ばれるのか？　その名称の由来も明らかにしたい。ハクビシンとヒトの文化や生活の接点も考える。

第3章「台湾から日本へ」では、まず、私が東南アジアでハクビシンと最初に出会った経緯をお話しする。そして、ハクビシンの研究に取り組むことになった経緯や分析手法としての分子系統学について語ることになる。さらに、その研究の舞台が台湾にもおよんでいく。その理由はなにか？　台湾と日本のハクビシンの共通性の発見があり、さらに、日本のハクビシンの由来、在来種説と外来種説の議論のなかに入っていくことになる。

第4章「日本で繁栄するハクビシン」では、日本に広く生息するハクビシンの分布の歴史をたどることにする。その歴史は、各地から報告されている文献から垣間見ることができる。各都道府県に記録されている分布情報をもとに、いつからその地域に生息するようになったかを追跡する。概して、関東地方、中部地方、四国地方からの記載時期が古く、東北地方や関西地方の分布情報が新しい傾向にある。中国地方からの分布情報は比較的少ない。九州・沖縄地方では、ハクビシンの分布情報はほとんどない。北海道では、奥尻島に確実な分布資料と網走にわずかな情報がある。このような状況のなか、私たちの研究室による遺伝子分析データにもとづき、ハクビシンの日本への移入箇所、分布拡大ルート、創始者効果などを探っていく。日本のハクビシンには、複数の系統グループがあり、本州における東西からの分布拡散ルートのコンタクトゾーンが群馬県周辺にあることも明らかとなった。

第5章「ハクビシンと人間社会」では、ハクビシンとヒトとの関係を考える。結論から述べると、日本のハクビシンは外来種である。この章で考えることは、外来種に共通した問題につながる。日本在来の生態系におけるハクビシンの位置づけ、農作物への被害、都市動物化の問題の現状を検討する。

終章として、「ハクビシンはどこへ行くのか」を考える。とくに、日本において外来種となったハクビシンを、今後、どのようにとらえ、対応すべきか。ハクビシンの生物学的特徴や分布の歴史を知ることが、日本のハクビシン対策を検討するうえで重要であることを語る。

本書では、以上の考察を通して、ハクビシンという動物の不思議を明らかにし、その姿を浮き彫りにしていく。

第1章 ハクビシンとはどんな動物か

1 縞模様のある顔と長い体——形態の特徴

顔の白い鼻すじが名前の由来となる

ハクビシンの外見上の特徴は、スレンダーな体型と長い尾である。イエネコと比べると、四本の足は比較的短い。この形態は、ハクビシンが所属する食肉目ジャコウネコ科の一般的な特徴である。分類学的位置については、本章の後半で紹介する。

その体のサイズとして、タイのハクビシンの例であるが、鼻から尾の付け根まで（頭胴長）が約五〇〜七六センチメートルである。さらに、長い尾（約五一〜六四センチメートル）は樹上生活するハクビシンにとって、バランスをとるために適応した結果である。また、体重は三〜四キログラムである

図 1-1　日本のハクビシン。（名古屋市東山動物園・茶谷公一副園長提供）

(Lekagul and McNeely 1977)。自然分布するほかの東南アジア、東アジア、そして日本の個体も、ほぼこの範囲に入る。計測値から明らかなように、頭胴長と尾長を合わせると全長一メートルを超えることもあり、イエネコよりもずっと大型である。

雌雄間の形態的なちがい（性的二型）は、あまり大きくはない（図1-4参照）。埼玉県で捕獲されたハクビシンでは、比較的多くの個体についての計測値が報告されているが、雌雄ともに体重の平均値は三・〇キログラム、全長の平均値は雌雄ともに約九八センチメートルで有意差は見られない（Toyoda *et al.* 2012）。

ハクビシンの外見上の特徴を際立たせるものは、頭頂部から鼻先にかけて走る白い鼻すじとその両側の黒い縦縞模様である（図1-1、図1-2）。この特徴的な毛色模様のため、日本では、漢字でハクビシンを「白鼻心」または「白鼻芯」と書く。また、耳の下に見られる白い斑紋も特徴的である。

図1-2　ベトナムで飼育されているハクビシン、幼獣。白い鼻すじが広く明瞭である。（アレクセイ・アブラモフ博士撮影）

胴体は緑褐色、そして尾は黒色である。

しかし、アジアにおける広い分布域を見渡すと、ハクビシンの毛色パターンには高い多様性がある。顔面の白い鼻すじが明瞭でないもの、顔面全体が暗色で左右の耳の下のみに白い斑紋をもつもの、さらに顔面全体が白っぽく縞模様や斑紋が明瞭でないものなどさまざまである。それに合わせて、体表の毛色にもちがいが見られる（図1-3）。

ハクビシンの歯の数はヒトより多い

次に、哺乳類でよく研究対象になる歯について、ハクビシンの特徴を見ていこう。

一般的に、哺乳類の歯の特徴として、各々の形態が分化し、食物を効率的にかみ切ったり、かみ砕いたりできるように、役割分担していることがあげられる。歯は、上下の顎の両側で対称的に前から後ろに、門歯、犬歯、前臼歯、後

図 1-3　毛色に多様性が見られるタイのハクビシン。(上：ドゥジット動物園アルヌパルプ・ヤムディ氏撮影、下：チェンマイ動物園ルングラワン・サングスリ氏撮影。ともにボリパット・シリアロンラット博士提供)

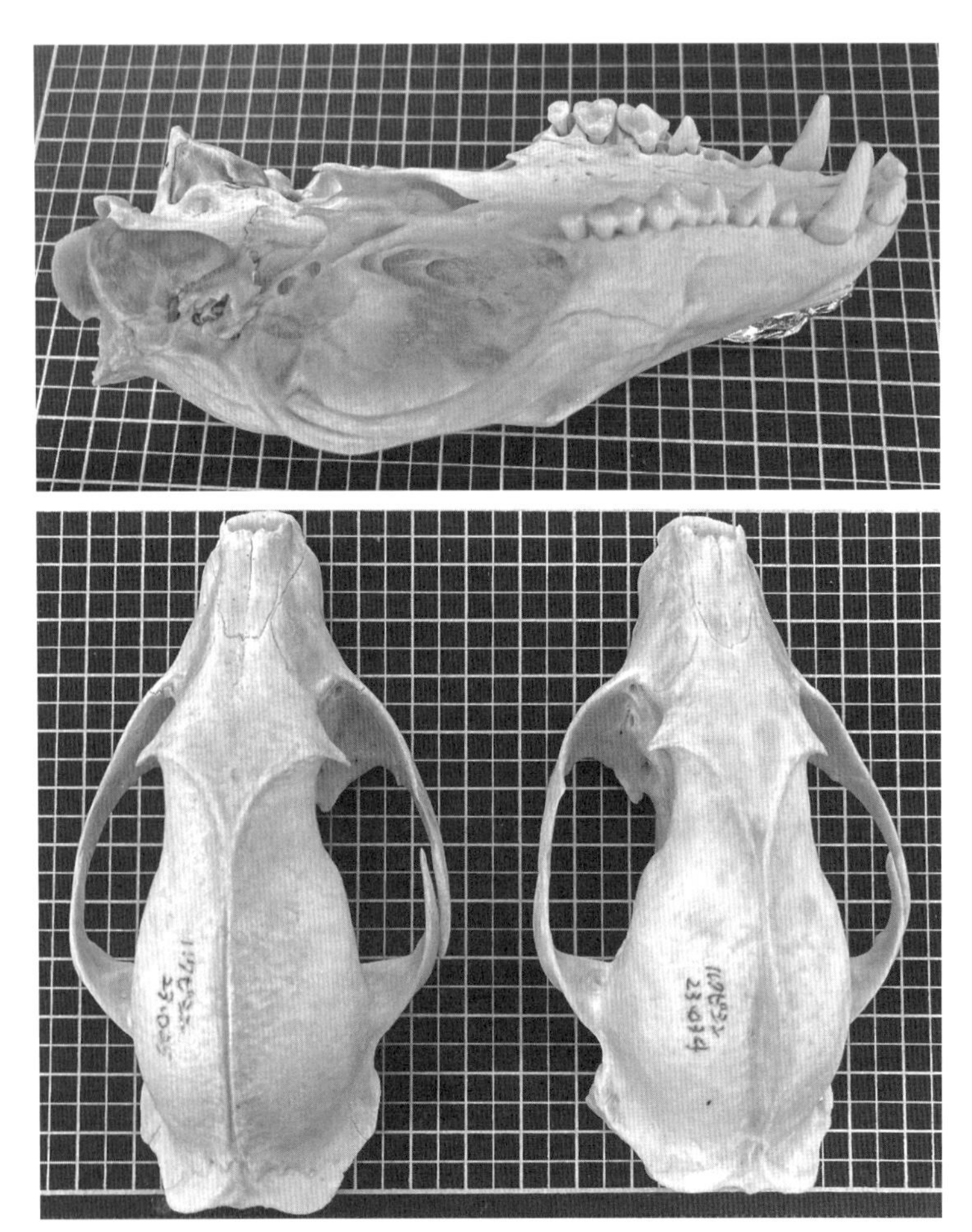

図 1-4　日本のハクビシン成獣の歯並び（上：本文参照）。頭骨（下）を雌雄で比較すると、オス（左）のほうがメス（右）よりわずかに大きい。1 目盛は 5 mm。（和歌山県田辺市のふるさと自然公園センター・鈴木和男氏所蔵、筆者撮影）

臼歯と並んでいる。

ハクビシンの成獣では、上顎下顎ともに、片側の前方から、門歯三本、犬歯一本、前臼歯四本、後臼歯二本なので、両側で総計四〇本となる（図1-4）。海外のハクビシンも日本のハクビシンも同じである。ちなみにヒト成人では、上顎下顎ともに片側に門歯二本、犬歯一本、前臼歯二本、後臼歯二〜三本なので、両側で総計二八〜三二本である。ヒトの後臼歯の数には、親知らずの有無による多様性がある。

食肉類に含まれるネコ科やイタチ科のイタチ属（ニホンイタチやシベリアイタチなど）の歯は、カミソリのように鋭く尖っている。それは、肉食性が強い動物の特徴である。一方、後述するように、ハクビシンは雑食性が強いため、犬歯以外の歯の咬合面（上下顎の歯がかみ合う表面）は、ネコ科やイタチ属よりも鈍く平たい。

五本指と肉球で歩行する

陸上哺乳類の歩行様式には、動物群によって特徴が見られる。ヒトを含めた霊長類の歩行は、脚の踵から指先までの掌全面を着地する蹠行性である。また、ウシなどの偶蹄類やウマなどの奇蹄類では、爪先の蹄で立つ蹄行性である。それらに対し、ハクビシンは、イヌやネコなどほかの食肉類と同様に、指全体を地面につけて歩く指（趾）行性である。

そのため、ハクビシンの足跡（フットプリント）は、図1-5のようになる（Francis 2008）。比較のため、東南アジアの森林に同所的に分布するジャコウネコ科の一種ビントロングおよびネコ科のベンガルヤマネコ（イリオモテヤマネコやツシマヤマネコと同種）の足跡が並んでいる。ハクビシンでは、前

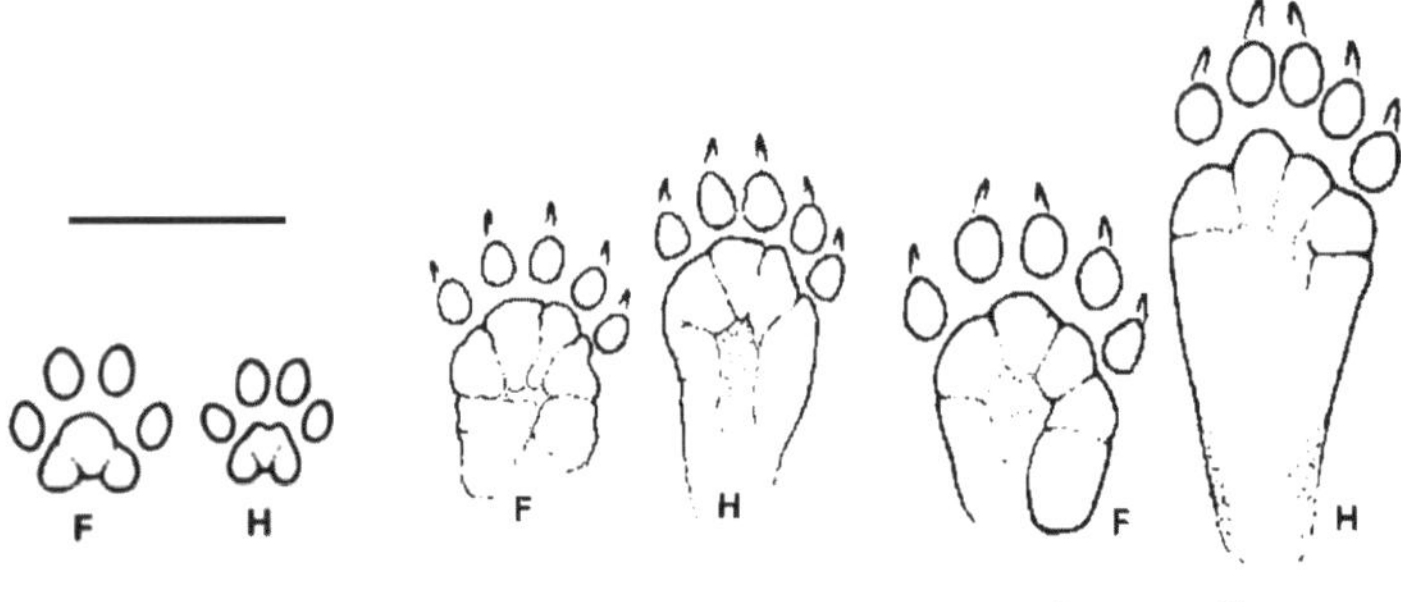

図 1–5 ハクビシンの足跡（中央）。同じジャコウネコ科の一種ビントロング（右）およびネコ科のベンガルヤマネコの足跡（左）。すべて左足、F は前足、H は後ろ足。傍線は 5 cm。（Francis 2008 より）

脚も後脚もともに五本の指と掌が明瞭で、爪の跡も見られる。つまり、爪が指から出ている。また、掌の大きさや形は異なるが、ビントロングでも、ハクビシンと同様に五本指と爪が見られる。これは、ジャコウネコ科の特徴である。それに対し、ベンガルヤマネコの足跡では、四本指となっていて、通常、歩行時には爪は引っ込んでいるので、足跡に爪痕がない。

においでコミュニケーションする

肛門付近や陰嚢付近にある臭腺から放出される麝香（じゃこう）の香りも、ハクビシンを含むジャコウネコ科動物の特徴である。しかし、実際にハクビシンから放たれるこのにおいは、いい香りとはいいがたい強烈なものである。動物調査のため訪れたタイにある動物園で、ハクビシンが飼育されている動物舎に入れてもらったことがある。最初は、食肉類特有の動物臭がするなあ、と思っていたが、まもなくこのにおいが強烈な刺激臭となり、鼻水やくしゃみが止まらなくなった苦い経験がある。

しかし、食肉類の肛門や生殖器近くにある臭腺から分泌されるにおい物質は、かれらの生活において重要な役割を果たしている。これは、自身の行動圏において「なわばり」を示すために、めだつ石や樹木にこすりつけたり、排泄時に糞の表面に放出される。つまり、におい物質は、ハクビシンの個体間のコミュニケーションの信号として使われている。おそらく、他種の動物にとっても目印として機能するだろう。

さらに、食肉類のコミュニケーションには、臭腺からのにおい物質に加え、尿に含まれる物質も重要なはたらきをもっている。後述するように、ハクビシンは葉が生い茂る樹林のなかで生活し、かつ夜行性であるため、嗅覚とにおいによるコミュニケーションが発達したものと考えられる。

2 どこに住んでいるのか——東南アジアから東アジアまで

ハクビシンは、ジャコウネコの仲間（その多様性は本章の後半で紹介する）のなかでも、もっとも広い分布域をもっている種のひとつである。そのおもな分布域は、東アジアの中国大陸、海南島、台湾、東南アジア、南アジアそしてヒマラヤである（図1-6）。つまり、ユーラシアの東部・南部の温帯から亜熱帯・熱帯にかけての地域にまたがっている。

ハクビシンが自然分布する国や地域は、ベトナム、中国、タイ、ラオス、カンボジア、マレーシア、インドネシア、ブルネイ、ミャンマー、バングラディシュ、インド、パキスタン、ブータン、ネパール、台湾である。そして、外来種として日本に分布するとＩＵＣＮから報告されている（Duckworth *et al.* 2016）。また、おもに常緑樹林帯に生息するが、まれに落葉樹林帯にも分布する。

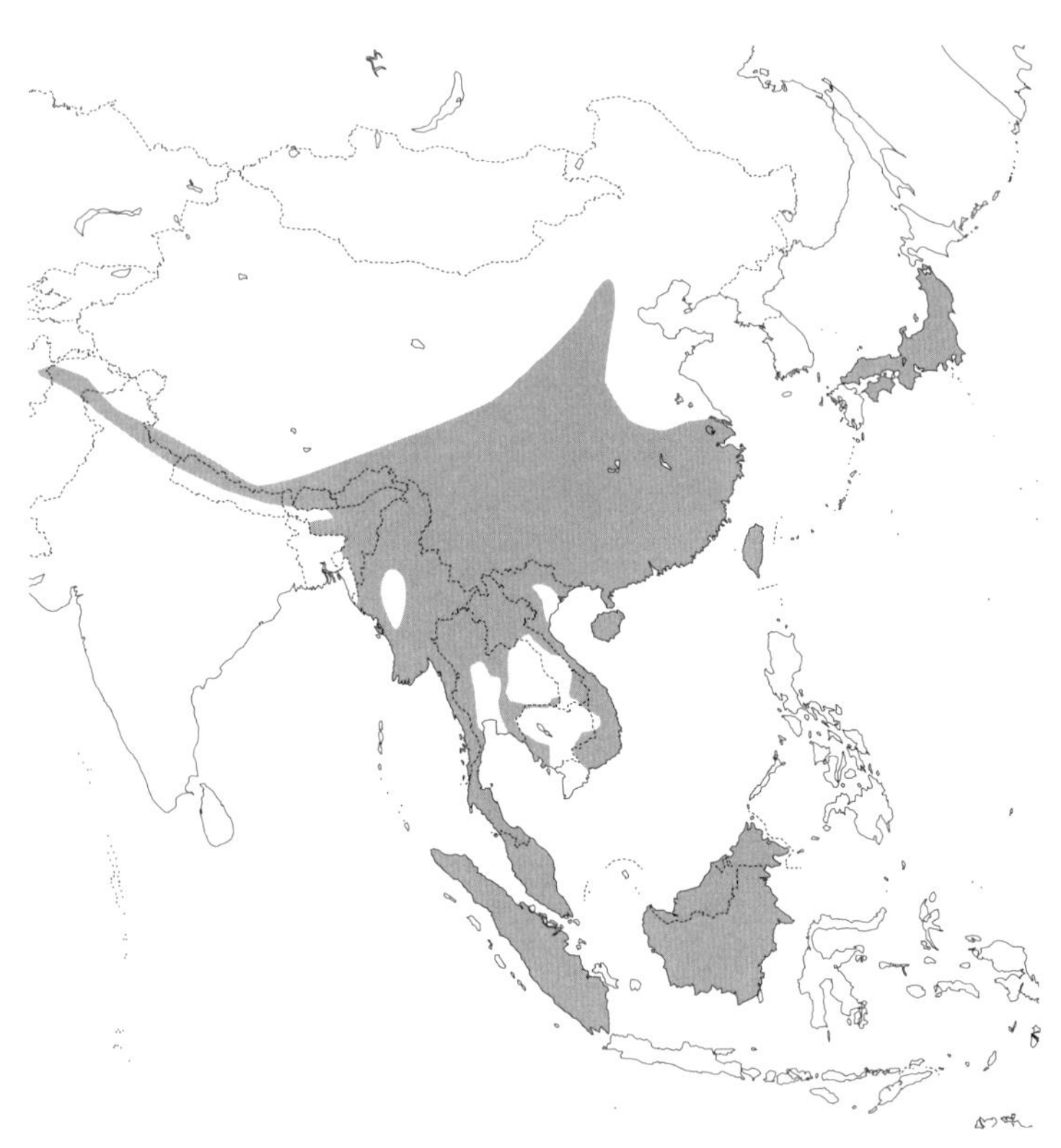

図 1-6　ハクビシンの分布域。日本の本州と四国も含まれている。

近年では、野生動物の生息状況を調査するために、アジア各地で野外に設置した自動カメラによる研究（カメラトラップ）が行われている。そのデータの集積によると、生息域の標高は主として数百メートル以内であることが多いようである。もちろん、緯度や周辺の植生にも影響を受ける。丘陵や山地に分布するが、香港では海岸線沿いにも生息する（Duckworth *et al.* 2016）。

一方、ハクビシンは高山帯にも分布している。タイでは、標高二一〇〇メートルに設置したビデオカメラにもその姿がとらえられている（Kobayashi *et al.* 2021）。また、スマトラでは二四〇〇メートル、ネパールでは二五〇〇メートル、インド北東部では二七〇〇メートルの標高で分布が確認されている。インド北東部では、標高九〇メートルにも生息しているので、低地から高山帯の環境に適応していることがうかがえる（Duckworth *et al.* 2016）。

日本では、現在、本州全域と四国に広く分布する。おもに低い土地に分布するが、北陸地方や東北地方では、積雪地帯でも見られるようになった。その分布拡散の現状とこれまでの歴史については第4章でくわしく述べる。

3　どこでどんな暮らしをしているのか——生息環境、食性、生活様式

ハクビシンは森林性で夜に行動する

ハクビシンは、おもに森林を好んで暮らしている哺乳類である。本章2節で述べたように、東南アジアや東アジアの常緑樹林または半常緑樹林に分布し、伐採が進んだ森林や川沿いの細長い樹林帯にも生息する。中国南東部では、まばらな森林と農地が広がる地域を利用している。狩猟圧が低い香港では、自然林がわずかに残されている住宅地に生息している。一方、東南アジアでは、ハクビシンが森林のない地域をどの程度利用しているかは、ほとんど研究されていないのが現状である（Duckworth *et al.* 2016）。

図 1-7　自動カメラがとらえたベトナムのハクビシン。（プラトン・ユシュチェンコ博士撮影、アレクセイ・アブラモフ博士提供）

図 1-8　夜間に倒木の上を歩くベトナムのハクビシン。（アレクセイ・アブラモフ博士撮影）

ハクビシンは、樹上で生活することが多く、比較的古い樹木にできた樹洞をねぐらにすることがある。よって、樹木の伐採はその生存に影響を与えている。また、岩の隙間の穴にも巣をつくることがある。長い尾は、樹上でバランスをとるために重要なはたらきをしている。夜行性であるため、嗅覚やにおいによる化学的コミュニケーションが発達していることは本章1節で紹介した。

夜行性であるため、ハクビシンの姿を日中見かけることはまれである。そのため、自然の姿をとらえるには、自動カメラによる観察が有効である。図1-7は、ベトナムの熱帯林に設置された自動カメラがとらえた貴重なハクビシンの姿である。図1-8には、暗闇のなかでも、バランスをとりながら倒木の上を通り過ぎるハクビシンの姿が写っている。本章1節で述べたように、樹上で滑ることなく確実に歩行するために、クッションと滑り止めとなる足の裏の肉球、鋭い爪、そしてバランスをとるための長い尾が有効である。このような体と機能を備えたハクビシンは、垂直の樹幹や建物の壁も難なく登ることができ、ジャンプ力もある。

食物の種類は幅広い

ハクビシンの食性は幅広く、ネズミ類、鳥類、両生類、爬虫類、昆虫類、ザリガニ、ナメクジなどの軟体動物に加え、カキやミカンなどの果実を好んで食べる雑食性である。その時期にもっとも得やすい餌を食べるジェネラリストと考えられている。果実が豊富にあれば、肉食になる必要がない。木登りや枝渡りが得意なので、樹上の果物も容易に食べることができる。このような幅広い食性により、ハクビシンは多様な環境に適応し、分布拡大を果たしているものと考えられる。これは、海外と日本のハクビシンの間で共通である。

すでに一八六二年に台湾のハクビシンを初めて紹介した論文では、オス一頭の胃の内容物が報告されている（Swinhoe 1862）。調査されたその個体が死亡した日時や季節が記載されていないが、剖検から見出された食物の残渣は、鳥の骨、昆虫のカメムシ類の翅、イチジクの仲間と思われる多量の果肉とその種（タネ）であり、ハクビシンが雑食性であることを物語っている。

このような幅広い食性のため、生態系の食物連鎖におけるハクビシンは、植物を食べる一次消費者であり、同時に、それよりも上位の栄養段階の動物を捕食する高次消費者でもある。

栄養状態について、日本のハクビシンに関する調査によると、夏季に比べて、冬季には体重が増える傾向が見られる（Toyoda *et al.* 2012）。冬眠する動物、たとえば、北海道のヒグマでは、冬眠前の秋には栄養価の高い餌をたくさん食べ、体重が増加することが知られている。ハクビシンは冬眠しないが、餌が少なくなり気温が下がる冬季に向けて、秋に栄養素を皮下脂肪として蓄えているものと思われる。

溜め糞場という公衆トイレをもっている

ハクビシンは、しばしば複数の個体が同じ場所に糞を排泄する。この行為を「溜め糞（タメフン）」といい、その場所を「溜め糞場」と呼ぶことがある。いわば、ハクビシンの公衆トイレである。英語による学術論文では、"latrine（「野外トイレ」の意）"が使われる。

溜め糞は、ハクビシンだけではなく、食肉類イヌ科のタヌキやイタチ科のアナグマでも知られている。かれらは、なぜ溜め糞をするのだろうか？　その理由として考えられることは、排泄物のにおいを通して、同種の個体間でコミュニケーションを行っていることである。本章1節で述べたように、糞や尿にはにおい物質や性ホルモンが含まれているので、動物たちは、その化学成分の定量的もしくは定性的なちがいを感知し、たがいに個体識別したり、性周期などの繁殖情報を察知しているものと考えられる。

ハクビシンはどれくらいの行動圏をもっているのか

自然分布する東南アジアや東アジアでのハクビシンの行動圏について、研究例は少ない。タイの熱帯林で行われた電波発信機を動物にとりつけた研究（ラジオテレメトリー法）では、一頭のオスの行動圏は五九〇ヘクタール（Grassman 1998）、一頭のメスでは三七〇ヘクタール（Rabinowitz 1991）と報告されている。これらのハクビシンは、やはり、日中にはときどき活動するが、おもに夜行性であることも示されている。一般的に、食肉類ではオスの行動圏がメスよりも広い傾向が見られる。研究例は少ないが、ハクビシンにもあてはまるものと考えられる。中国の森林で行われた同様の研究では、その行動圏は平均三九〇ヘクタール（一五三〜八九三ヘクタール）（*n*=6）であった（Zhou *et al.* 2014）。

日本のハクビシンについても行動圏のサイズが報告されている。山形県庄内地方において、森林と農地が隣接する農村景観で行われた電波発信機による追跡調査では、その行動圏サイズは二七〜三〇三ヘクタール（*n*=3）で、オスのほうが広い行動圏をもっていた（鳥屋部・斎藤 2020）。この値は、栃木県の森林景観でのハクビシン調査から得られた夏季一一九ヘクタール（*n*=1）、秋季八三〇ヘクタール（*n*=1）（Seki and Koganezawa 2010）より小さい傾向が見られる。一方、静岡県の都市郊外での調査から得られた平均四二ヘクタール（一七〜一二〇ヘクタール）（*n*=14）（鳥居・大場 1996）より、農村景観での値のほうが大きい傾向がある。このように、農村景観でのハクビシンの行動圏サイズは、森林景観と都市郊外の中間に位置するようである（鳥屋部・斎藤 2020）。食肉類では、都市部に生息するほど行動圏が小さくなることが示されており（Šálek *et al.* 2015）、ハクビシンについても同様の傾向があると考えられている（鳥屋部・斎藤 2020）。

以上のようなラジオテレメトリー調査では、動物を捕獲し発信機をとりつける作業があるうえに、動物にストレスをかけることになる。そのため、最近では、排泄物からのDNA分析により個体識別を行い、各個体の行動圏を推定する研究が行われるようになった。このような手法は、動物を捕獲する必要がないので「非侵襲的方法」と呼ばれている。私たちの研究グループも、タヌキの溜め糞を使ったDNA分析と行動圏の推定を行い、その有効性を認識した（Saito *et al.* 2016）。今後、ハクビシンについても、溜め糞を使った行動学的な研究が進むことが期待される。

生態系では送粉者や種子散布者となる

ハクビシンが植物の繁殖や分布拡大に貢献していることもわかってきた。

そのひとつとして、タイ、台湾、香港では、ハクビシンが熱帯の野生種マメ科トビカズラの仲間 *Mucuna* 属の「花粉の送粉者」として役割を果たしていることが報告されている（小林 2020：Kobayashi *et al.* 2021）。これらの報告にもとづいて考えると、ハクビシンは樹上で前脚を使って、トビカズラの閉じた花を開け、鼻を突っ込んで蜜を吸う。その際に、雄しべの花粉が雌しべの柱頭に付着する。さらに花粉は、ハクビシンの下顎や首のあたりに付着するため、別のトビカズラの花にも運ばれることになる。

やはり樹上性であるリス科クリハラリス属（*Callosciurus*）も同様の役割を担っている。飛翔するコウモリや小鳥が送粉者になっていることは知られていたが、飛翔しない哺乳類が送粉者となっていることは、きわめて興味深い現象である。

また、ハクビシンは果実を食べ、丸呑みした種子を糞の未消化物として溜め糞場に排泄するため、「種子散布者」としての役割も果たしている。ハクビシンが移動した場所で落とされた排泄物から発芽した植物は、生育して樹木や草本となるため、森を広げることになる。よって、ハクビシンのような種子散布者は植物の分布拡大や進化に重要な役割を果たしてきた。

このような行動能力をもったハクビシンが、日本列島の森林生態系に侵入した後、新天地で新しい生態的ニッチを得て、現在、各地の環境に適応しながら分布拡大しているものと思われる。

天敵や競合者はいるのか

東南アジアの森林で樹上生活するハクビシンにとって、その捕食者は、樹上にのぼることができる大型食肉類ヒョウやウンピョウなどが考えられる。地上では、トラ、ツキノワグマ、マレーグマが捕食者となっているかもしれない。

日本の本州・四国では、大型食肉類であるツキノワグマ、キツネや大型のタカ・ワシ類などの猛禽類が、ハクビシンの天敵になっている可能性がある。ハクビシンの幼獣は、成獣に比べて、さらにこれらの捕食者に襲われる可能性が高くなるであろう。

一方、体の大きさ、生息場所、食性などから考えると、本州・四国でハクビシンと競合する食肉類は、比較的樹上性のニホンテン *Martes melampus* であろう。確証はないが、テンよりも大型であるハクビシンのほうが有利かもしれない。

その他の食肉類では、アライグマ *Procyon lotor*（外来種）、タヌキ *Nyctereutes procyonoides*（在来種）、キツネ *Vulpes vulpes*（在来種）、ニホンアナグマ *Meles anakuma*（在来種）、ニホンイタチ *Mustela itatsi*（在来種）、シベリアイタチ *M. sibirica*（外来種）が考えられる。外来種のアライグマは北米由来のため、北海道や東北の寒冷な気候にも適応できる。さらに、雑食性が強い。アライグマは、日本各地で分布と個体数を拡大し、ハクビシンの生息に影響を与えているものと考えられている。アライグマなどの外来種とハクビシンの関係は、第5章で述べることにしたい。

繁殖時期は決まっていない

次に、繁殖に関する特徴について見てみよう。

一腹の仔どもの数として、タイでは四頭までが観察され、一年に二回繁殖する（Lekagul and McNeely 1977）。日本では、動物園での飼育下および野外で捕獲したデータ、さらに剖検から得られたデータが報告されており、平均値も観察された仔の数の範囲も、ほぼ一頭から四頭である（Torii and Miyake 1986; Tei *et al.* 2011; Toyoda *et al.* 2012）。

群馬で捕獲されたハクビシンの剖検により、四月から一〇月までの妊娠初期の個体が確認され、特定の繁殖時期はない可能性が指摘されている（姉崎ほか 2010）。埼玉のハクビシンでは、少なくとも一月から九月まで継続するとの報告もある（Toyoda *et al.* 2012）。飼育下の状況からも、決まった繁殖期がないといわれている（古谷 2009）。横浜市の野毛山動物園では、一九六二年七月に交尾が観察され、交尾後五一〜五九日の九月に一頭の仔が生まれた記録がある（山下 1963）。

このように、ハクビシンの繁殖が季節にあまり依存していないことは、東南アジア系の哺乳類の特徴を示しているのかもしれない。

さらに、寿命の情報は少ない。タイにおける飼育下の記録では、寿命の最長は一五年である（Lekagul and McNeely 1977）。しかし、野外での寿命は不明である。ほかの中型食肉類のように、おそらく数年であろうと思われる。

4 どんな仲間がいるのか――分類と進化

ハクビシンは食肉目ジャコウネコ科の仲間である

ハクビシンの分類体系は、上位から下位に向けて、動物界（Animalia）、脊索動物門（Chordata）、哺乳綱（Mammalia）、食肉目（Carnivola）、ジャコウネコ科（Viverridae）、ハクビシン属（*Paguma*）、ハクビシン種（*larvata*）となる。前述のアルファベットで記された名称はすべてラテン語である。

また、ハクビシンの学名は？ と問われた際には、リンネの二名法として *Paguma larvata* が答えとなる。属名と種小名だけはイタリック体とし、属名の頭文字は大文字、種小名の頭文字は小文字で記すことになっている。現時点の分類では、ハクビシン属 *Paguma* は、ハクビシン *larvata* の一種のみで構成されている。

さて、食肉目（一般的には食肉類と呼ぶことが多い）に着目すると、その下位には亜目が設定されていて、イヌ型亜目とネコ型亜目という二つの動物群に分かれる。

イヌ型亜目を構成する科は、イヌ科、クマ科、レッサーパンダ科、スカンク科、アライグマ科、イタチ科、アザラシ科、アシカ科、セイウチ科である。

ネコ型亜目に含まれる科は、ネコ科、ハイエナ科、マングース科、マダガスカルマングース科、ジャコウネコ科、キノボリジャコウネコ科、そしてPrionodontidae科（オビリンサン属のみで構成されるが、該当する科の日本語名がない）である。

ハクビシンは後者のネコ型亜目のなかのジャコウネコ科に含まれる。ジャコウネコ科は、広くユーラシア大陸の東部・南部、インドネシア、スリランカ、フィリピン、台湾、アフリカに分布する。

ジャコウネコ科の分類について、研究者によって多少の意見のちがいはあるが、一四属三四種に分類されることがある。ミトコンドリアDNAを指標にした最近の分子系統解析によると、ハクビシンは、パームシベット（*Paradoxurus hermaphroditus*）（図1-9）を含むパームシベット属、およびビントロング属のビントロング（*Arcticis binturong*）（図1-10）との間でもっとも近縁である（Zhou *et al.* 2017）。

パームシベット属は三種で構成され、東南アジア、インド、またはスリランカに生息する。背中から腹部にかけて斑紋、そして尾にはリング状の縞模様がある毛色が特徴的である。一方、ビントロングは東南アジアに分布し、全身黒色の比較的長い体毛をもつジャコウネコの仲間で、一属一種に分類されて

図 1-9　パームシベット。(チェンマイにあるワットウーモン野生生物教育センターにて。ボリパット・シリアロンラット博士協力、筆者撮影)

図 1-10　ビントロング。(名古屋市東山動物園・茶谷公一副園長提供)

いる。

ハクビシンの染色体数は四四本である

遺伝的に生物種を特徴づけるものとして「核型」がある。核型とは、染色体の数と形の特徴を合わせたもののことである。細胞内の染色体のなかには遺伝子が並んでいる。一般的に、核型は近縁種ほど類似しているため、細胞分裂中の染色体の標本を作製し、種々の染色法を施したうえで、顕微鏡下で観察する研究が野生動物でも進められてきた。前節で述べた分子系統などのＤＮＡ分析（第3章でくわしく紹介）が発展する以前の系統進化学研究では、核型の比較分析が主流であった。これまでに種々の生物について核型とその比較が研究され、哺乳類の多くの種について、少なくともその染色体数が報告されている（O'Brien *et al.* 2006）。

日本のハクビシンの染色体数は、$2n$=44である（Harada and Torii 1993）。ここに記されている"n"とは、哺乳類の生殖細胞（父親からの精子、または母親からの卵）一個がもっている染色体の一組のことを示している。受精に際して、精子に含まれるnと卵のnが合体して二つのnになるので、受精卵は染色体二組$2n$をもつことになる。その後、受精卵は細胞分裂（体細胞分裂）を繰り返して、組織や器官が形成され一個体となっていくが、体細胞分裂しても一個あたりの細胞はつねに$2n$の染色体数をもっている。よって、ハクビシン$2n$=44とは、個体のなかの各体細胞の染色体数が四四本であるという意味である。

また、哺乳類においてひとつのnは、一本の性染色体とそれ以外の常染色体で構成されている。性染色体には、X染色体とY染色体があり、受精に際してその組み合せが受精卵のその後の雌雄を決定する。すなわち、XYであればオス、XXはメスとなる。$2n$=44は体細胞の全染色体数のみを示しているが、性別は示していない。もし、ハクビシンのオスの核型分析結果を示す際には「$2n$=44, XY」、メスであれば「$2n$=44, XX」となる。

また、四四本から性染色体二本を差し引いた四二本が常染色体である。一番から二一番まで各々が特徴的な形態をもって対を形成しており、その対となった常染色体どうしを相同染色体という。

ジャコウネコ科においては、各系統からの代表者計九種の染色体が調べられているが、種によって染色体数は$2n$=34-54であり、もっともよく見られるのが$2n$=42（パームシベット、ビントロングなど）となっている（O'Brien *et al.* 2006）。ちなみに、ヒトの核型は、$2n$=46, XY（男性）、$2n$=46, XX（女性）である。

ハクビシンの学名には長い歴史がある

二名法によるハクビシンの正式な学名は、*Paguma larvata*（C. E. H. Smith, 1827）と表記される。ラテン語の後にカッコ書きで書かれた人名と四桁の数字はなにを意味するのか？　ここで、この学名の由来をたどってみたい。

学名の表記には約束事があり、属名と種小名の後ろに記されている人名と数字は、その種を初めて記載した人の名と年号を示す。よって、ハクビシンの場合、一八二七年にC. E. H. Smithなる人物が、この種を論文上で初めて記載発表したことを意味している。さらに、このカッコ書きには意味があり、最

図 1-11　ハクビシンの原記載論文における図版。（Griffith *et al.* 1827 より）

初の記載の後、さまざまな経緯により属名が変更になったことを示し、原記載者をカッコ書きして残しているのである。そこで、ハクビシンの原記載論文を探してみることにした。

その結果、ハクビシンの原記載は、一八二七年に英国から出版された"The Animal Kingdom Vol. 2"という古い書物であることがわかった。現物を手にとって見ているわけではないが、ウェブサイトでは原典が公開されている。そこで、銅板印刷の薄っすらとしたカラー図版（図1-11）とともに、ハクビシンに関する記述のページを見つけた。この古い分類学論文を解読するにあたっては、食肉目の分類やヨーロッパの分類学の歴史にくわしいロシア科学アカデミー動物学研究所のアレクセイ・アブラモフ博士にいろいろとアドバイスを受けた。

この書物は、E. Griffith、C. H. Smith、E. Pidgeon の共著によるものだが、そのなかで哺乳類にくわしいC. H. Smith がハクビシンを含めた部分を担当したと考えられる。"The Animal Kingdom"の二八一ページ目に八行にわたる、ハクビシン一個体の標本に関する記述がある。以下は、私によるその直訳である。

Temminckを称賛する博物館からの標本があり、それは彼によって *Gulo larvatus*（英名 masked glutton）と名づけられたものである。この動物の体は、ヨーロッパケナガイタチよりも大きくて長い。胴体の毛色はオリーブ・ブラウン色と灰色が混合しているが、尾の先端と四肢は黒色である。また、頭部の基盤色は黒色であるが、額から鼻にかけて白いすじが通っている。耳の周囲には、白っぽい色の丸い斑紋がある。両耳の間の喉のあたりは、淡い色が帯状につながっている。

以上が和訳である。私からの補足説明として、Temminckとは、オランダの分類学者 Coenraad Jacob Temminck（一七七八～一八五八年）のことである。図版（図1-11）の左下方には、薄い文字で“Mus. Amsterdam”（アムステルダム博物館）と刻まれている。Temminckは、一八二七年には、すでにライデン（Leiden）博物館館長となっていたので、アムステルダムの博物館ではなく、ライデン博物館のことではないかと推察されるが、正確なところは不明である。また、当該のハクビシン標本の採集地がどこであるか、この本文には記述されていない。

図版の下部に、この時点のハクビシンの英名“MASKED GLUTTON”が記されているが、その意味は「仮面をかぶった大食漢」である。

さて、その下には、*GULO LARVATUS_ Tem.* と記されている。これは、Temminckがこの動物の学名を *Gulo larvatus* と呼んでいたことを示している。しかし、Temminckは、この標本に関する論文を発表しなかったことになる。また、リンネの二名法にしたがうと、C. H. Smithが原記載した時点での学名では、*Gulo larvatus* C. E. H. Smith, 1827というように人名と年号にカッコをつけない。その後、分類学者による議論が進み、属名が*Paguma*に変更されたので、属名を変更したこと、および原記載者を明確に示すためカッコ書きとし、*Paguma larvata*(C. E. H. Smith, 1827)と表記されるようになったわけである。よって、*Gulo larvatus*という学名はシノニム(同義語)として扱われ、現在の研究論文などではほとんど使用されていない。

なお、"The Animal Kingdom"の表紙には三名の著者のひとりとして、Charles Hamilton Smithと記されている。これにしたがって、ファーストネームとミドルネームを頭文字で記すと、C. H. Smithとなるはずであるが、学名の記載者名C. E. H. Smithには、"E."というミドルネームがもうひとつ入っている。残念ながら、この"E."がなにの省略形なのかについては追跡できなかった。

C. H. Smithは英国人(一七七六~一八五九年)であり、軍人、博物学者、芸術家、イラストレーターというように多才であったようだ。"The Animal Kingdom"のなかでSmithが記載した英文八行の内容は、銅板版画の図版(図1-11)および現在一般的に知られるハクビシンの外観上の特徴をよくとらえている。

この版画のすぐ下には、版画家の"T. Bradley"という名前が記されている。この版画家は、C. H. Smithが毛皮標本にもとづいて描いたハクビシンの絵を眺めながら、生前のハクビシンの姿を思い描き、この銅板版画を作製したのであろう。この図版は、絵画と版画に長けた両名によって、できあがったものといえるだろう。

ちなみに、*Gulo*という属名は、現在、食肉目イタチ科の大型種クズリ（英名 wolverine）の学名 *Gulo gulo* に使われている。

分布や形態から亜種に分けられる

すでに紹介したように、ハクビシンの分布はアジアの広い地域におよんでいるため、地理的な形態変異にもとづき、種よりも下位レベルの亜種（subspecies）が分類されている。亜種は、多くの生物において、毛色を含む外観や頭骨などの形態的な特徴から分類されており、それだけ地理的多様性があることを示している。本章1節で紹介したように、私自身、タイ国内において、ハクビシンのさまざまな毛色の変異を目撃した。

亜種の分類には、種の分類に比べて、さらに研究者の間で意見の相違が見られることがある。ハクビシンの亜種については、六亜種（Corbet and Hill 1991）、あるいは一六亜種（Wozencraft 2005）に分類する考え方などさまざまである。

また、中国大陸、海南島、台湾には、九亜種が分かれて分布している（高ほか 1987）。さらに、中国大陸東部に生息する亜種 *Paguma larvata larvata* が基亜種（最初に命名された亜種）となっている。亜種名は、種小名の後にイタリック体で記し、属名と種小名がすでに述べられている論文では、属名と種小名は頭文字のみで省略されることが多い。たとえば、海南島の集団は *P. l. hainana*、そして、台湾集団は *P. l. taivana* である。

ここで、台湾亜種 *P. l. taivana* の命名につながった、ロンドン動物学協会紀要に掲載された論文

（Swinhoe 1862）を紹介しよう。

その著者は、中国語が堪能な英国の外交官Robert Swinhoe（一八三六〜一八七七年）である。彼は、台湾に滞在して外交官の仕事をする傍ら、中国の動物を熱心に調査する博物学者でもあった。この論文では、台湾の複数種の哺乳類が紹介されているが、彼はハクビシンのオス一頭を解剖した際の記録を一ページにわたり報告している。ロンドンの大英博物館には、中国大陸由来のハクビシン二個体の標本がすでに収蔵されていたため、彼はそれらと比較した。

台湾個体の頭部や尾を含めたサイズや体表の毛色に、中国大陸産の個体との多少の相違はあったものの、島個体としての特異的なものは見出されなかったとのことである。もちろん、台湾産一個体、中国大陸産二個体という少数個体間の比較なので、詳細な検討はむずかしかったであろうと想像される。

一方、この台湾産個体の胃の内容物も分析され、すでに本章3節に記したように、雑食性であることが示された。この個体の死亡時期に関する情報が記されていないが、この論文はハクビシンの食性を示した最初のものではないだろうか。彼は、ハクビシンは台湾では普通種ではなく、それまでに見た唯一の個体であると述べている。彼が調べたのは、死体で持ち込まれた個体なので、生きた状態の様子を観察できなかったとのことである。

また、Swinhoeは中国語に堪能であったので、この論文には、ハクビシンの中国語名をYu-meen maou（英名Gem-faced cat）と併記している。この中国語の発音を文字で表記すると「玉面猫」であり、現在の台湾でこの名は使われていないが、大陸中国では使われている。当時の台湾では玉面猫が使われていたのかもしれないし、Swinhoeは大陸中国の動物も調査していたので、大陸での呼び方を記したのかもしれない。詳細は不明である。

いずれにしても、この論文を発表したSwinhoeにちなみ、現在のハクビシン台湾亜種の学名は、*Paguma larvata taivana* Swinhoe, 1862となっている。その時点では、すでに種名として*Paguma larvata*が使われており、この解剖した個体は*Paguma larvata*の変種var. *taivana*と記された。それがそのまま亜種名となり、命名者（論文著者）Swinhoeと論文発表年一八六二とともに記されることとなった。

また、現在の台湾では、ハクビシンを漢字で「白鼻心」と記す。台湾の哺乳類研究者に確認したのだが、台湾では、日本で使っている「白鼻芯」とは記さないそうである。おそらく、日本語の「ハクビシン」の語源は、台湾の白鼻心を音読みすることから来ているのではないかと私は考えている。そして、日本の漢字では、白鼻心と白鼻芯を混同して使用されているのではないだろうか。

一方、インドネシアのボルネオ島とスマトラ島に生息する集団は、亜種*P. l. leucomystax*に分類されている。その毛色の特徴は、顔の白い鼻すじが見られなく黒色で、両耳の下に白い斑紋が見られ、尾の先端が白色である。この特徴は、ボルネオでのカメラトラップで撮影された写真（Semiadi *et al.* 2016）、樹上の写真（浅間 2005）、あるいは図鑑“A Field Guide to the Mammals of Borneo”（Payne *et al.* 1985）のイラスト図版で明らかである。よって、この亜種の顔面には白い鼻すじは見られないので、その名に白鼻心はあてはまらないだろう。この毛色タイプをもつハクビシンについては、江戸時代に描かれた図譜も知られているので、第2章で紹介する。

ちなみに、日本に生息するハクビシンには、亜種名はつけられていない。

以上、ハクビシンの分類や地理的変異について述べてきたが、その毛色や頭骨形態などについて、分布域間の地理的変異に関する体系的な研究報告がきわめて少ないのが現状である。

第2章　日本のハクビシン

1　古文書のなかのハクビシン

ハクビシンは江戸時代の長崎に渡来していた

ハクビシンの不思議のひとつは、日本の古文書にハクビシンと思われる図譜や記述が見られる一方、その呼び名や動物名が記されていないことである。江戸時代後半の古文書に、比較的鮮明な図譜とともに少なくとも二例が報告されている（磯野 1992a）。それを引用しながら話を進めよう。

そのうちのひとつは、江戸時代の一八三三（天保四）年に長崎出島に渡来したオランダ船が持ち込んだ動物を、幕府の御用絵師が描いた図譜『唐蘭船持渡鳥獣之圖』（慶應義塾大学図書館所蔵）のなかの動物である（図2-1）。そこに記されている説明書きには、以下の内容が記されている。

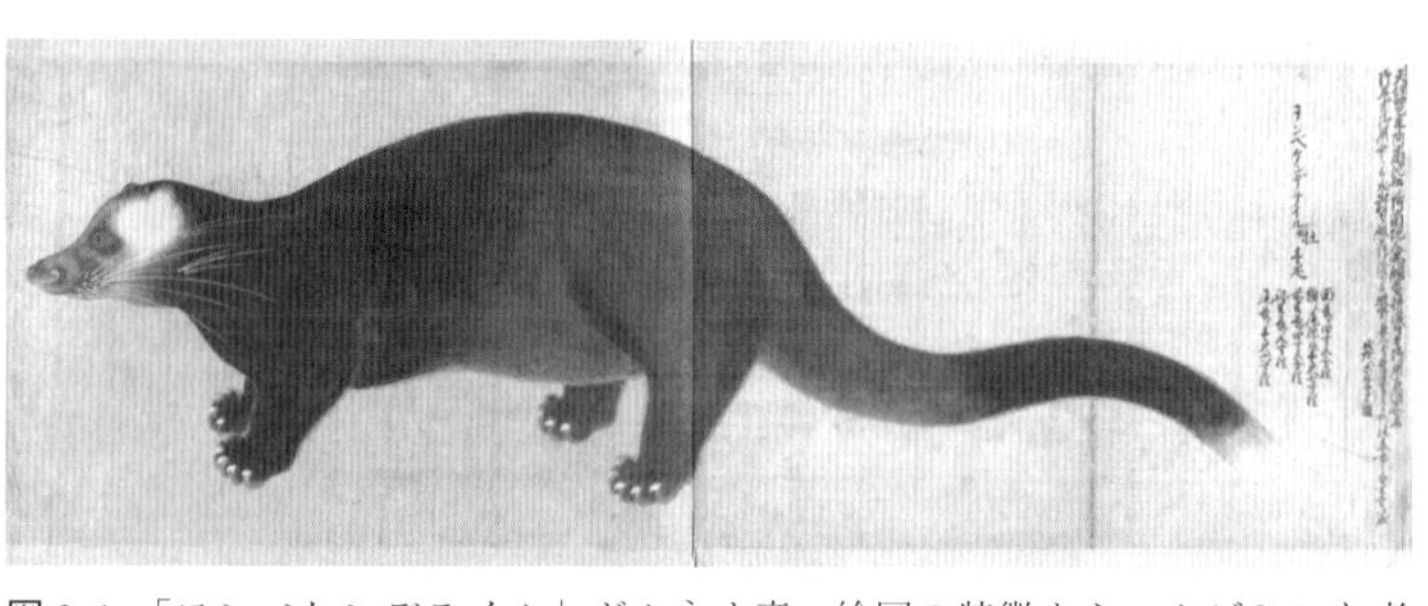

図 2-1　「ヲンベケンデテイル」ボルネオ産。絵図の特徴からハクビシンと考えられる。（『唐蘭船持渡鳥獣之圖』「獣類之圖」、慶應義塾大学図書館所蔵資料より）

この動物は、牡（オス）のボルネオ産である。頭胴長は一尺七寸（約五二センチメートル）、尾長が一尺六寸（約四八センチメートル）。ご覧のとおり、体長に比べて前肢・後肢が短い。五本指に爪が出ている。耳の下と尾の先が白色である。慶應義塾大学からアーカイブ化されているカラー原画では、胴体前半が濃灰色、胴体後半は薄い灰色、顔面全体も薄い灰色である。これらの特徴は、まさに第1章4節で紹介したハクビシンのボルネオ島とスマトラ島に分布する亜種 *Paguma larvata leucomystax* と一致する。この亜種名 *leucomystax* は、「白いミステリアスな動物」という意味である。「白い」とは、顔面の毛色、あるいは尾の端の白い毛にちなんでつけられたのではないかと思われる。しかし、現在、日本で観察されるハクビシンの毛色パターンは、鼻すじが白く、その両側には明瞭な黒色の縦のすじが通っているタイプ（図1-1参照）であり、図2-1の毛色パターンとは異なっている。

一方、この図譜（図2-1）の右手には、「ヲンベケンデテイル」と記されている。これはオランダ語の発音をカタカナ表記したものと思われ、さらに調べてみたところ、相当するオランダ語は Onbekend dier で、その意味は「謎の動物」となる。現在つけられている亜種名の意味と通じるところがある。また、これは、この動物を持ち込んだオランダ人も、周囲の日本人も、この動物の種分類や同定ができなかったのであり、すでに知られていた麝香猫（ジャコウネコ）の仲間とも認識せず、その名称もなかったことを示している。

江戸時代に長崎出島にあったオランダ商館は、現在のインドネシアのジャワ島に本部をもっていたオランダ東インド会社の出張所のような機能を担い、日本との交易を行っていた。そのため、オランダ商船は、フィリピンや台湾を経由して、長崎出島に渡来した。図2-1に描かれている個体は、ボルネオで入手されたか、または、ボルネオからジャワ島へ運搬後、船に乗せられたのであろう。

ここに描かれている個体が、日本に到着後、どうなったかは記録されていない。また、この図譜の存在から想像されることは、インドネシアから長崎に至る長期間の航行においても、ハクビシンの飼養が可能であったということである。

ハクビシン以外のジャコウネコも渡来した

さらに、『唐蘭船持渡鳥獸之圖』を調べると、ハクビシンが所属するジャコウネコ科「麝香猫」と記された動物、またはそれらしい動物の図譜がほかにも三つあった。長い尾、短く黒い四肢、顔面や胴体の毛色パターンからある程度の種判定が可能である。

まず、ひとつめはオスの麝香猫、出所シュマタラ國（現在のスマトラ島産）（図2-2）。寛政二（一七九〇）年の渡来と記されている。かなり写実的な図譜であり、長い尾に見られるリング状の縞模様をもつ特徴から、この動物は、コジャコウネコ（*Viverricula indica*）と思われる。出所も現在の分布域と矛盾しない。もちろん、出所地は捕獲した場所か、または、船積み地であるかはわからない。

図 2-2 「麝香猫」スマトラ産。絵図の特徴からコジャコウネコと考えられる。（『唐蘭船持渡鳥獣之圖』「獣類之圖」、慶應義塾大学図書館所蔵資料より）

図 2-3 「麝香猫」ジャワ島産。図 2-2 とは画風が異なるが、動物の特徴からコジャコウネコと考えられる。（『唐蘭船持渡鳥獣之圖』「獣類之圖」、慶應義塾大学図書館所蔵資料より）

図 2-4 「山猫　メス　ジャワ島産」と記されているが、絵図から判断して「パームシベット」と思われる。（『唐蘭船持渡鳥獣之圖』「獣類之圖」、慶應義塾大学図書館所蔵資料より）

二つめは、メスの麝香猫、文化一一（一八一四）年、出所咬𠺕吧産と記されている（図2-3）。咬𠺕吧の読みはジャガタラで、現在のジャワ島のこと。絵の特徴から、この動物もコジャコウネコと思われ、分布域も矛盾しない。前述の図2-2と比べると、少し画風が異なるようだ。これは、別の絵師が描いたことによるものだろう。

三つめは、文化一〇（一八一三）年ジャガタラ産のメスの山猫と記されている（図2-4）。図譜の特徴から現在にいうヤマネコではなく、第1章（図1-9参照）で紹介したパームシベットと思われる。

これらの図譜が描かれたということは、オランダ商船が、エキゾチックな動物として、東南アジアからジャコウネコ科の動物を持ち込み、しばしば幕府に献上していたことを示している。また、江戸時代に、すでに日本語として麝香猫という呼び名を使っていたことがうかがえる。

しかし、前述のヲンベケンデテイルは不明の動物とされており、ジャコウネコの仲間とは考えられていなかったようだ。はたして、このような図譜に描かれた動物は、その後、どこへ行き、どうなったのか？　その経緯は不明である。

周防国のハクビシンらしき動物とは

もうひとつのハクビシンと思われる図譜を含めた興味深い古文書は、天保一三（一八四二）年に記録された『皇代系譜』である（磯野 1992a, 1992b, 1992c）。この古文書は、江戸時代の博物家・毛利梅園（一七九八〜一八五一年）によって、神武天皇の時代から江戸時代に至る日本の歴史を年代順に編集したもので、そのなかには江戸時代の博物学的な記載もされている。国立公文書館（内閣文庫）に収蔵され、アーカイブ化されている。そのなかに、ハクビシンらしい墨で描かれた図譜がある（図2-5）。見出しは「周防国ニテ異獣捕」とあり、毛筆で書かれたその記事には、この動物にまつわる以下の内容が記されている（磯野 1992b）。

この不思議な「異獣」は、一八四二年に周防国富田村（現在の山口県周南市富田）で二人の男性によって捕獲された。いろいろと観察したところ、タヌキ、キツネ、アナグマに似ているところもあるが、けっきょく名前がわからなかったとのことである。ここでも、ハクビシンという名称は出てこない。いつから、ハクビシンと呼ばれるようになったのだろうか？　これは本章の後半で述べることにする。

墨で描かれたこの図譜を見て明らかなように、白い鼻すじ、長い尾、黒い四肢と鋭い爪が、ハクビシンの特徴をとらえている。また、ウスクリ色（薄い栗色）、耳エリ白色との記載がある。さらに、ネコより少し大きい、日中よく眠る（夜行性であることを示す）、ヘビやカエルを与えると食べる、と説明されている。記載されたこれらの特徴を総合的に考えると、まさにこの動物はハクビシンであると考えてもよいのではないだろうか。

なお、周防国のこの動物とオランダ商船が出島へ持ち込んだ動物との関連性は不明である。

図 2–5　「周防国の異獣」。（国立公文書館所蔵『皇代系譜』より）

伝説の「雷獣」はハクビシンか

一方、日本には「雷獣」伝説がある。

雷獣とはなんだろう？　これは、私がハクビシンの由来を調べていくなかで出会った伝説の動物である。

雷獣は、中国伝来の思想であり、雷神（鬼のような姿をした雷を起こす神）とともにその存在が信じられてきた。雷獣が日本の古文書に現れるのは、江戸時代の元禄（一六八八～一七〇四年）以降に多くなるという。落雷に驚いて、樹木から飛び降りてきたり、草むらから飛び出したり、または落雷で死亡したりする哺乳類のことであろうと考えられている（吉岡 2007）。

これまで、民俗学や歴史学において、雷獣がなんであるかが議論されてきた。その歴史を調べると、江戸時代に雷獣とされた動物には、テン、イタチ、ムササビ、オオカミ、キツネ、イヌ、ネコなどがあげられている（吉岡 2007）。なるほど、テン、イタチ、ムササビは、樹上生活する中型哺乳類であり、木から飛び降りる雷獣なるものと考えられても不思議ではない。

さらに、明治以降の文献（江戸期の古文書に関する論考を含む）では、雷獣の候補として、既述の動物に加え、ハクビシンが登場する（吉岡 2007；梶島 2016）。古文書の記載を動物学的に考慮したうえで、雷獣のハクビシン説が唱えられた（岡田 1956；小原 1964, 1972）。たしかに、ハクビシンの顔面の白い鼻すじと、その両側の黒い帯は、ほかの動物にはない模様で、初めて見た人には印象的である。この明瞭なストライプは、見方によっては、神秘性や雷の稲妻を思い起こさせるかもしれない。

ここで確認しておきたいことは、どの古文書のなかにもハクビシンや白鼻心という記載が出てこないことだ。あくまでも、その姿や行動の描写やときとして描かれた挿し絵が、ハクビシンに類似しているのではないかと考えられるというものである。

雷獣に関する古文書や文献は、本州のほぼ全域と四国の一部からのものであり、九州や北海道には記録がない（吉岡 2007）。これは、たいへん興味深いことである。現在の日本のハクビシンの分布とほぼ一致するのである。

よって、一部の雷獣のハクビシン説は、ある程度、説得力があるかもしれない。しかし、ハクビシンが雷獣のモデルであること、すなわち、明治期より前にハクビシンが日本国内に存在していたこと、への決定的な証拠は雷獣の記載からは見えてこない。

シーボルトは日本のハクビシンを知っていたのか

ところで、日本の動物が世界（おもにヨーロッパ）に初めて紹介された古典的な書物として、『Fauna Japonica（ファウナ・ヤポニカ、日本動物誌）』がある。これは、江戸時代末期に長崎出島のオランダ商館に滞在していたドイツ人医師フィリップ・フランツ・フォン・シーボルト（一七九六～一八六六年）が、彼自身あるいは彼の弟子のネットワークを通じて、日本全国から収集した動植物の標本をオランダのライデン博物館へ送り、生物群ごとに詳細な図版とともに記載出版された書物のうちの動物編である。『ファウナ・ヤポニカ』には、シーボルトの長崎滞在期間一八二三年から一八二九年の六年間に採集された哺乳類も含まれている。この時期は、前述の「周防国ニテ異獣捕」が書かれた一八四二年と近い。

『ファウナ・ヤポニカ』に登場する食肉類のなかで図版のある動物は、ニホンオオカミ、ニホンテン、ニホンイタチ、ニホンアナグマ、タヌキなどである。これらの種はヨーロッパには分布せず、日本または東アジアに特有の動物であったため、シーボルトは興味をもって積極的に標本と図版を準備したことが推察される。また、ヒグマ、ツキノワグマ、クロテン、キツネ、カワウソについては記述だけで図版がない。その理由は、後者の動物群の同種や近縁種がヨーロッパに分布しているため、図版にする順位が低くなったのかもしれない。いずれにしても、ハクビシンについては、図版にも記述にも見あたらない。

もしシーボルトが、本州でのハクビシンの分布情報を得ていたならば、ヨーロッパに生息しないエキゾチックなこのジャコウネコ科動物の標本を優先的に入手し、『ファウナ・ヤポニカ』に記載していたのではないだろうか。もちろん、シーボルトの滞在期間は六年間という限られたものであり、すべての哺乳類の標本や情報を得たわけではないだろう。たとえば、中型の食肉類であるツシマヤマネコやイリオモテヤマネコに関する図譜や記述は、『ファウナ・ヤポニカ』にない。

しかし、博物学に長けていたシーボルトは、ヨーロッパから日本に渡航する途中に南アジアや東南アジアに立ち寄り、動植物の情報を見聞し、ジャコウネコの仲間がアジアに分布していることを知っていたにちがいない。さらに、第1章で述べたように、ハクビシンが英国で原記載されたのは一八二七年で、シーボルトが長崎に滞在していた期間にあたる。英国人C. H. Smithらの原記載の論文"The Animal Kingdom"において、ハクビシンの標本は、当時、オランダ・ライデン博物館の分類学者コンラード・ヤコブ・テミンク(一七七八～一八五八年。シーボルトが日本で収集した標本を分類した)から受け取ったと述べられている(第1章参照)。ただし、この標本の由来に関する記載がなく、その原産地はアジアのどこかではあろうが、シーボルトが収集した標本とは別のルートでオランダへ運ばれたものと考えられる。

このようにハクビシンがヨーロッパに紹介された時期に、長崎出島に滞在していたシーボルトが、『ファウナ・ヤポニカ』のなかで、日本のハクビシンに触れていないということはなにを意味するのか？　当時、ハクビシンがすでに日本に生息していたとしても、その個体群密度はきわめて低く、彼はハクビシンの痕跡や分布情報を把握できなかったのではないだろうか。

ハクビシンやほかのジャコウネコの仲間を含め、『唐蘭船持渡鳥獣之圖』に描かれている動物たちは、長崎やバタビア（当時オランダはジャワ島をこのように呼んでいた）の博物学者ではないオランダ商館のメンバーの目にもエキゾチックな動物として映り、東南アジアから長崎出島に持ち込まれていたのであろう。

以上、ハクビシンとシーボルトとの間に関連性があったのかどうかについて、現代に残された資料と当時の状況から私なりに推察してみた。

2　在来種なのか——日本在来種とのちがい

在来種とはなにか

日本のハクビシンの由来については、長い間、在来種説と外来種説が議論されてきた。在来種説は、ハクビシンがもともと日本に分布していた、とするものである。一方、外来種説は、ヒトによって国外のどこかから日本へ持ち込まれたハクビシンが定着し分布を広げた、というものである。この二つの説について考えていこう。

まず、「在来種」とはなにか？　在来種とは、ヒトが持ち込んだのではなく、その地域に自然分布している生きもののことをいう。よって、一般的に、日本の在来種の分布域は、日本列島のみではなく、日本へ渡来する前の故郷であるアジア大陸におよぶこともある。たとえば、日本在来種のキツネは本州・四国・九州・北海道に生息するとともに、ユーラシア大陸、さらには北米大陸にも広く分布している。また、別の日本在来種であるツキノワグマは、東アジアから東南アジアにかけて広く分布し、本州・四国・九州（九州では絶滅したと考えられている）に生息するが、北海道にはいない。

一方、ニホンザル、ニホンカモシカ、ニホンアナグマなどは、日本にしか分布していないため、これらは日本固有種である。日本固有種は、日本列島のなかで進化した種、または、過去には大陸と日本に分布していたが、大陸の集団が絶滅したという種、が考えられる。少なくとも、日本に固有な哺乳類に共通して見られる分布パターンの特徴は、本州・四国・九州に生息する一方で、北海道には生息しない点である。日本固有種も自然分布しているので、もちろん在来種である。

日本列島の在来種はいつやって来たのか

固有種も含め、日本在来種の食肉類として一三種が知られている（増田 2018参照）。かれらは、いつ日本列島にやって来たのだろうか？

日本列島は大陸に近く、過去に大陸とつながっていた時代がある。祖先の動物たちはそのつながった陸地（陸橋という）を渡って日本へやって来たが、その後に形成された海峡により日本列島が地理的に隔離され、大陸集団との交流が途絶えることとなる。日本列島の周囲では、過去に何度も海峡と陸橋の形成が繰り返されたが、最後に海峡ができたのは、最終氷期が終わった今からおよそ一万数千年前であると考えられている。絶滅した種は別にしても、その時点から現在まで、島単位での哺乳類の種の構成（哺乳類相）は変化していないはずだ。

哺乳類相の歴史については、化石の発掘による古生物学的調査が行われている。北海道では酸性土壌のため、土壌中に骨が残りにくく、更新世（約二六〇万年前から一万年前まで）の哺乳類化石の記録は少ない。

これまでの本州・四国・九州の古生物学的データは、後期更新世に多くの大型哺乳類が絶滅したが、完新世（更新世の後から現代まで）の哺乳類相は現生のものとほぼ同様であると報告されている（河村 2007）。つまり、日本在来種の哺乳類相は、更新世が終わり完新世が始まる縄文期にはすべて出そろい、日本列島の島々に隔離されたことになる。

ハクビシンの分布状況は一般的な日本在来種とは異なる

これまでに報告された、日本列島における更新世の地層から発掘された化石には、ハクビシンは含まれていない。鍾乳洞など石灰岩の多い場所には化石が残存することがあるが、そこから出土する化石群には、ハクビシンの骨が見られないのだ。これは、ハクビシンが、日本在来種の共通した動物地理学的歴史から外れていることを示唆している。

一方、日本列島における更新世後の縄文期の古代人が形成した貝塚にはカルシウム分が豊富で、そこに彼らが食べたり飼育していた動物の骨が多数残されている。そこから出土する動物骨は断片化していることが多いのだが、動物考古学者がその骨片から動物種を同定する研究を行っている。その報告書をいろいろと調べてみたが、ハクビシンの骨が出土したという記録は見あたらない。

また、縄文期より後の遺跡からも動物骨が出土するため、考古学関連の文献を調べたり、動物考古学研究者に尋ねてみたが、やはり、ハクビシンや近縁なジャコウネコ科の出土情報がない。

一方、台湾の後期新石器時代（約三五〇〇〜二〇〇〇年前）の遺跡からは、ハクビシンの骨の化石が発掘されている（Kawamura *et al.* 2016; Chen 2000）。これは、台湾では、少なくともこの時代からハクビシンが自然分布していることを示すものである。

本章1節では、江戸時代でのハクビシンと思われる動物の記載記録を紹介した。考古学分野では、江戸時代の屋敷跡や城跡なども発掘され、イヌやネコを含む種々の家畜や野生動物の骨が発掘されているが、やはりハクビシンやその他のジャコウネコ科の骨は記録されていない。

このように、日本列島の古生物学および考古学の出土記録からは、ハクビシンの分布の痕跡は認められない。

しかし、本章4節で述べるように、日本のハクビシンの頭骨形態の特徴が一致する亜種が見あたらない。また、江戸時代の古文書にハクビシンらしき動物が登場する。これらの理由から、依然として、ハクビシンの日本在来種説が唱えられてきたのである。

3　外来種なのか――飛び石状の分布と急激な増加

在来種に対して、人間活動にともなって、本来の生息地から別の地域へもたらされ、新天地に定着して繁殖している生きものを「外来種」という。ハクビシンの由来については、在来種説に対して、外来種説も以前より提唱されてきた。その根拠として以下があげられる。

①更新世末期の地層から出土する化石群にハクビシンが含まれないこと、②縄文期以後の遺跡からも出土記録がないこと、③現在の分布域が本州と四国において飛び石状に始まり、かつ、九州からの分布情報がほとんどないこと、④近年の分布拡大が関東から東北地方で急激であること、などである。

①と②は本章2節で説明ずみである。③についても、本章2節で述べたように、日本在来種の共通の特徴として、本州・四国・九州において連続的に分布するが、ハクビシンの分布はそれにしたがわない。④の急激な分布拡大は、新天地に適応した外来種の一般的な特徴である。なお、外来種の特徴については、第5章でくわしく語ることにしたい。

このように見てくると、在来種説と外来種説のどちらが正しいのか？　この段階ではまだ判断できない。私が動物地理学研究を始めた一九九〇年代には、日本哺乳類学会や日本動物学会においても、この議論に決着がついていなかった。あるいは、両方の説があてはまるのかもしれない。外来種説vs在来種説の議論は、第3章において、私たちの研究グループの分析データを示しながら、さらに続けることにする。

4　ハクビシンという名前の由来

日本在来の哺乳類は、明治以前の昔話にしばしば登場する。たとえば、『金太郎』のツキノワグマ、

『分福茶釜』のタヌキ、『狐の嫁入り』のキツネ、『さるかに合戦』のニホンザルなどである。

しかし、私の知る限り、ハクビシンやそれらしい動物が登場する昔話は見あたらない。やはり、ハクビシンという呼び名は、それほど古くはないのだろうか？

現在、日本では、ハクビシンを漢字で「白鼻心」または「白鼻芯」と書く。これまで述べてきたように、江戸時代の書物には、その漢字やハクビシンという呼び名は見あたらない。では、日本では、いつからハクビシンと呼ばれるようになったのだろうか？

まず、学術文献上の記録を追ってみたい。

一九二五（大正一四）年に日本鳥学会発行の『哺乳動物図解』（岸田久吉著）には、台湾に分布する哺乳類として「ハクビシン」という動物名が出てくる。この文献では、「オウカヘウ」という呼び名も併記されている。また、一九三〇年の地学雑誌四二巻の台湾産哺乳類に関する青木文一郎氏による論文においても、「オウカヘウ、ハクビシン」と併記されている。以上の二つの文献による呼称は、台湾に分布するハクビシンに関するものであるが、すでにこの時期に日本語でハクビシンと呼ばれていたことになる。

ここで「オウカヘウ」という新しい名称が登場する。私には、この読みが中国語発音をカタカナに直したものであるように感じられたので、いろいろな漢字をあてはめてみたが、適当なものが見つからなかった。そこで、台湾特有生物保全研究センター・張仕緯博士（図3-2参照）に「oukaheu という呼び名に心あたりはないか」と尋ねたところ、興味深い答えが返ってきた。台湾語では、以前、ハクビシンを「烏脚香」と記し、okaheun（オカヘウン）と発音したとのことであった。烏脚香の意味は、「黒い脚をもち、よい香りのする動物」である。さらに、張仕緯博士によると、白鼻心という漢字は、現在の台湾でも同じ漢字で記され、ハクビシンと発音すると教えてくれた。

この状況を総合的に考えると、少なくとも一九二五年には（おそらく明治から大正にかけて）、台湾で使われていた白鼻心と烏脚香の発音を、日本語でカタカナ表記したものと思われる。その後、日本では、烏脚香は使われなくなり、白鼻心が使われるようになったのであろう。その理由ははっきりしないが、白鼻心の発音が台湾語と日本の音読みとで同じであったこと、かつ、漢字の意味が動物の毛色の特徴をとらえていてわかりやすかったためかもしれない。さらに、日本では、「白鼻芯」とも表記されるようになった。台湾での表記は「白鼻心」のみである。

その後、一九五六年刊行の『動物の事典』（岡田要監修、東京堂出版）には、ハクビシンがイラストとともに記載されている。一九六〇年に初版が出版された『原色日本哺乳動物図鑑』（今泉吉典著、保育社）には、ハクビシンの図版が掲載されている。なお、ここでは、日本のハクビシンが戦前に飼育していたものから野生化したのか、在来種かどうか不明であり、日本産と台湾の紅頭嶼産の頭骨の特徴とは異なると記されている。

また、私が小学生のころ、毎日眺めていた一九七〇年出版『動物の図鑑』（古賀忠道ほか著、小学館。初版は一九六〇年）をあらためて開いてみると、ハクビシンは中国大陸の動物の見開きページに描かれ、説明文には、日本のハクビシンは元来日本にいたのか海外由来かは不明であることが記されている。

国内の哺乳類関連の学会においては、どのような状況であろうか。

一九五二年の日本哺乳動物学会（日本哺乳類学会の前身組織）の例会で、宇田川龍男氏が静岡県や山梨県においてハクビシンが捕獲されたことを報告した（宇田川 1952）。同氏は、その後も山梨県や静岡県のハクビシンに関する報告を行っている（宇田川 1954）。これ以降、ハクビシンという名称は定着し、この動物の出自や分布拡大に関する議論がなされるようになったようである（小原 1970, 1972）。

一方、一九五五年には、宮城県牡鹿半島のハクビシン情報とともに、猟師がハクビシンを「ヤマネコ」または「ハクモウセン（白毛貂［ハクモウテン］に由来？）」と呼んでいたことが報告されている（立花 1955）。地域によっては、ハクビシンとは別の呼称があったようである。

5　社会経済のなかのハクビシン

毛皮のために養殖されたのか

文献から日本のハクビシンの記録を追跡していくなかで気づいたことは、ハクビシン研究がさかんになる以前において、猟師や毛皮業者によりハクビシンが人為的に持ち込まれたり、飼育されたものが放獣されたという話があったことである。

日本では、ハクビシンは戦前に台湾狸とも呼ばれて、毛皮目的で日本国内で飼育されていた。しかし、ハクビシンはアジア南部に広く分布する食肉類なので、その毛皮は保温性がそれほど高くはなく、良質ではないため、その養殖は下降したものと思われる。最近では、化学繊維の衣料が発達し、良質な毛皮をもつ北方系のミンクやクロテンでさえ、日本では毛皮目的の養殖は衰退した。

宮城県石巻市では、一九四四年に飼育されていたものが逃亡した。また、石巻は遠洋漁業の根拠地になっていて、南洋に出かけていった漁船がマスコットとしてハクビシンを飼養したと考えられている（立花 1955）。

このように、ハクビシンは飼育が比較的容易で、ペットとされることもあったようである。しかし、第1章で述べたように、ハクビシンの臭腺はきついにおい物質を放出するので、家屋のなかで飼育することはなかなかむずかしいと想像される。一方、第1章の図1-2は、ベトナムで飼育されていたハクビシンである。また、台湾では、野生色のみではなく、白色のアルビノのハクビシンも飼育されている（図2-6）。私自身は、日本国内でペットとなったハクビシンに出会ったことがない。

図 2-6　ハクビシンのアルビノ。（台湾の個人動物園にて。張仕緯博士撮影）

一方、アジアでは、種々の動物の体毛が毛筆に利用されてきた。中国や日本の漢字の文化は、動物に支えられてきたものであり、アジアの文化と動物との間には深い関わりがある。日本国内でハクビシンの体毛でできたといわれる絵手紙用の短い毛筆も販売されている。毛筆の色合いは第1章4節で紹介した原記載論文“The Animal Kingdom”の「オリーブ・ブラウン色と灰色の混合」のとおりである。毛に触れた感じは、少し硬めであり、中国の毛筆店で見つけたシベリアイタチの体毛でできた筆のほうがしなやかである（増田 2017）。

食生活との関係は

ハクビシンは、日本でも猟師の間では、その肉が美味な食材とされていた（鈴木 2005）。中国やベトナムでも食用となっている（Duckworth *et al.* 2016）。台湾でもそのような話を聞いたことがある。しかし、私はまだ食べたことはない。

ジャコウネコ科と関連する食品として知られているものに、コピ・ルアク（ジャコウネコ・コーヒー）がある。これは、動物が食べたコーヒーの果実の種子が硬い種皮に守られて未消化物として糞に含まれて排泄されるので、それを焙煎してコーヒーとするものである。つまり、第1章3節で紹介したジャコウネコ科の果実食とその種子散布を利用したものである。

コーヒー木の原産地はアフリカなので、東南アジアのコーヒー木は農園で栽培されたものである。ジャコウネコ・コーヒーには、飼育された複数種のジャコウネコ科動物が使われている。これらの動物に食べられたコーヒーの果実が排泄されるまでに、果肉や種子の表面が腸内細菌の作用により発酵されたり、におい物質にさらされることにより（第1章1節参照）、その種子に微妙に香りが付加される。その味わいがよいとされ、高級品となっている。

インドネシアのバリ島を旅行した学生さんのお土産として、ジャコウネコ・コーヒーを味わったことがある。コーヒー豆が焙煎され細かくひかれた粉がお湯に沈んだ後に上澄みを飲むのだが、苦みがなくマイルドであった。そのときのパッケージには、第1章4節で紹介したパームシベットの写真が掲載されていた。今後、増加が予想されるジャコウネコ・コーヒーの生産に、ハクビシンがどの程度利用されていくのか（もちろんほかの動物種も含めて）、保護対策の課題となっているとＩＵＣＮの報告書では述べられている（Duckworth *et al.* 2016）。

一方、最近、台湾の国立中興大学の研究者が、海外の焙煎前のジャコウネコ・コーヒー豆に付着している腸内細菌（プロバイオティクス）を取り出し、人工的に培養したうえで、そのプロバイオティクスを用いて新鮮なコーヒー豆を発酵させる技術を開発したとのことである。その技術によって発酵させたコーヒー豆を焙煎して商品化されており、その味わいはマイルドであるといわれている。この方法を用いれば、ジャコウネコの糞を経ないので、衛生上の問題も懸念されない。さらに、動物を飼養する必要もない。

感染症との関係は

ハクビシンは、世界的なパンデミックを引き起こした重症急性呼吸器症候群コロナウイルス（ＳＡＲＳ-ＣｏＶ）の感染源と疑われたこともあった。ＳＡＲＳは、二〇〇二年から二〇〇三年まで世界的に流行した。しかし、国立感染症研究所のホームページによると、このウイルスの遺伝子情報が詳細に調べられた結果、自然宿主はハクビシンではなく、キクガシラコウモリであることが明らかになっている。二〇一九年から現在（二〇二三年）までＣＯＶＩＤ-19のパンデミックを引き起こしているＳＡＲＳ-

ＣｏＶ－２と名づけられたコロナウイルスは、ＳＡＲＳ－ＣｏＶとは別の系統のコロナウイルスである。

前述のように、ハクビシンは、中国南部やベトナムで食用にされることもある。中国では、養殖されていたが、ＳＡＲＳの流行時には、ハクビシンの取引や販売が禁止となり、繁殖農場が閉鎖になったこともある（Duckworth *et al.* 2016）。

第3章　台湾から日本へ

1　タイでハクビシンに出会う

第2章で述べたように、私がハクビシン研究に取り組む以前には、哺乳類学分野において在来種説と外来種説に賛否両論があり、その決着はついていなかった。しかし、これまで述べてきたように、その決定的根拠はないのだが、どちらかというと私には外来種説が優勢のように思われた。それまでの私自身の研究対象は、在来の食肉類であり、ハクビシンを調べようとは当初考えていなかった。

一方で、日本在来種の動物地理学的解析を行うために、各地の博物館や動物園からサンプルを協力していただいていた。そのサンプリングについて相談している際に、「回収されたハクビシンのサンプルがありますが、分析しませんか?」というお話を複数の機関から聞くようになった（後から考えると、それは日本国内でハクビシンが分布を拡大していることを反映していたのだが）。そのような経緯があり、ハクビシンのサンプルが少しずつ、私のもとに集積し始めていた。このような状況のなか、私は、日本国内で生きたハクビシンの姿を見たことはなかったのである。初めて生きたハクビシンに出会ったのは、日本ではなく、一九九六年に訪れたタイの動物園であった。

さて、大学助手として研究を開始したときに、それ以前の留学中に学んだ知識と技術を導入して、日本の在来種の分子系統解析に取り組むこととした。当初の研究対象は、前述したように日本在来種であり、ニホンイタチやアナグマ、イリオモテヤマネコ、ツシマヤマネコなどであった。さらに、学会などで知己となった研究者と共同研究を開始したり、科研費や財団法人の研究助成金を獲得しながら、日本の哺乳類との比較研究のために、東南アジアに出かけるようになった。最初は、ベンガルヤマネコ（*Prionailurus bengalensis*）やほかの食肉類の研究交流や生息環境を見学することが目的であった。

一九九六年の冬に初めてタイを訪問した。沖縄より南下したことは初めてであった。私が生活する冬の札幌を出て、バンコクの空港に降り立つと、約四〇度差のある熱帯地方の空気を全身で感じた。空港では、以前に、日本で開催された国際学会で知己となった、タイのチュラロンコン大学院生ボリパット・シリアロンラット氏（現在、マヒドン大学研究員）が出迎えてくれた。彼の案内で、タイのさまざまな研究施設や動物園、地域を訪問させていただいた。タイ滞在中、ハクビシンは多くの動物園（ドゥジット動物園、チェンマイ動物園、カオキューオープン動物園など）で在来の普通種として飼育展示されていた。そのような飼育動物を観察しながら興味深いことに気づいた。それは第1章で述べたように、タイのハクビシンには、同じ種とは思えないほどの毛色の多様性が見られることであった（図1-3参照）（増田 2017）。

第1章で述べたように、日本のハクビシンの顔面は、概して中央で縦に走る白い鼻すじとその両側に耳から流れる黒いライン、そして、顎が黒色と首回りが白色という毛色をもっている。胴体の体毛は淡い橙色である。タイを訪問するまで、私はこれがハクビシンの毛色の特徴だと思い込んでいた。しかし、ハクビシンは、ジャコウネコ科のなかでもっとも広い地域に分布するアジア産の種であるため、毛色の地域変異があっても不思議ではない。後述する台湾のハクビシンの毛色は、日本のハクビシンと類似している。

2　渡来ルートを解明する——遺伝子からたどる

分子系統と動物地理

私は、大学院博士課程時代には、実験用ラットの遺伝性疾患の解明をテーマとして取り組み、一九八九年に大学院を修了した後、アメリカ国立がん研究所（ＮＣＩ）において二年間のポスドク生活を送った。そこで初めて、野生哺乳類の分子系統解析に取り組むことになった。私が所属した遺伝学研究室（ボスはスティーブ・オブライエン博士）では、ネコ科の分子進化学的研究が行われており、テーマとして、イエネコやベンガルヤマネコ、オセロットなどの小型ヤマネコの分子系統解析を行った。当時、ＮＣＩでもやっと、各研究室に遺伝子増幅のためのＰＣＲ機器類が設置され、デスクトップ型でブラウン管モニターのパソコン数台を研究員全員で共用しているという状況であった。それを考えると、現在の分子生物学分野の発展には目まぐるしいものがある。今や遺伝情報解読には、自動シーケンサや次世代シーケンサが使用されているが、私のポスドク時代にはPCR法を駆使しながらも、サンガー法を手作業で行うという地道な作業が世界的に見ても先端的技術であった。その技術や分子系統学的解析法を学び、帰国後の研究に生かすこととなった。助手となって戻った北海道大学の研究室では、野生動物研究に興味をもって集まってきた大学院生とともに、遺伝子分析やデータ解析の環境を整え、試行錯誤しながら研究を進めていくことができた。

分子系統学とは、種間や個体間で、特定の遺伝子の遺伝情報（DNAの塩基配列）を比較し、その類似度にもとづいて、種や集団の間の系統関係を明らかにしていく研究分野である。分子系統学の根底には、親から子へ、祖先から子孫へ受け継がれる物質がDNAであり、世代を経るにしたがって、DNAに一定の速度で突然変異が蓄積されるという考え方がある。それにもとづき、現代の動物種や個体の遺伝情報を解読し、それらの間の遺伝情報を比較することにより、系統関係や進化の過程を考察することができる。さらに分子系統データに、サンプリング地点の地理的な分布情報を加え、種や集団の移動の歴史を明らかにする分野を系統地理学という。

従来、動物地理学では、平面的な動物の分布を対象としてきたが、系統地理的データを取り入れることにより、時空を超えた動物移動の歴史について考察することができるようになった。私は、日本在来種の動物地理学研究に取り組んでいたが、タイでの体験により、分子系統学の手法や考え方にもとづいて、日本のハクビシンの位置づけを行ってみようと考えるに至った。もし、日本のハクビシンが海外では見られない独自の遺伝子タイプを有していれば、日本列島に地理的に隔離され独自の進化を遂げた日本在来集団と考えてよいであろう。一方、海外のハクビシンと日本産との間で同一またはきわめて近縁な遺伝子タイプが見出されるならば、日本のハクビシンは外来種であり、海外のその地域が日本のハクビシンの起源地として推定されることになる。このような分析を行えば、日本のハクビシンの外来種説と在来種説の論争に答えを出すことができるのではないだろうか、と考えるようになった。

東南アジアと日本のハクビシンのちがい

まず私は、日本、タイ、マレーシアとの共同研究として、日本のハクビシンと東南アジアの個体について、ミトコンドリアDNAのチトクロム*b*遺伝子全配列（一一四〇塩基）を分析した（Masuda *et al.* 2008：増田 2009, 2017）。また、私は、それまでの日本在来の食肉類研究の経験から、ハクビシンにおいてもチトクロム*b*遺伝子が適当な種内変異を示すであろうと予想した。案の定、分析の結果、ハクビシンにおいて種内変異を見つけることができた。

東南アジア（タイ、マレーシア）のハクビシン計五頭からは、たがいに近縁な四つの遺伝子タイプ（SE1～SE4）、そして、日本のハクビシン（二四頭）からは近縁な五つの遺伝子タイプ（JA1～JA5）を見出すことができた。その遺伝情報（DNAにおける四種類の塩基A、C、G、Tの並び方）にもとづいて、ネットワーク系統樹を描いてみた（図3-1）。東南アジアの遺伝子タイプ間では一個から五個の遺伝情報の相違が見られたが、ひとまとまりのグループとなった。一方、日本のハクビシンの遺伝子タイプは別のグループを形成し、タイプ間では一個から三個がちがっていた。東南アジアと日本の間で同じ遺伝子タイプを共有するハクビシンはいなかった。両グループは明瞭に分かれており、グループ間で四個以上の遺伝情報が異なっていることが明らかになった。

この結果はなにを意味するだろうか？

まずひとつは、これまで私が分析したほかの食肉類と比べると、ハクビシンにおける種内の遺伝的変異幅（異なる塩基配列数）が小さいことである。これは、ハクビシンという種がアジアに分散し進化する過程で、個体数が減少するという経験を経ていることを示唆しているのかもしれない。

二つめは、今回の分析個体に限られたことではあるが、タイやマレーシアのハクビシンと日本のハクビシンとの間には、直接の関連がなさそうであるということである。つまり、この段階では、日本のハクビシンがタイやマレーシアの集団に由来するものではないといえる。第2章で紹介した江戸時代のオランダ船がもたらし、動物図譜に描かれた東南アジア産のハクビシンが現在の日本のハクビシンに由来するのではないのであろう。では、日本のハクビシンは日本在来の独立集団かというと、まだアジアのほかの地域を調べてみないと最終的な結論は出せないという状況であった。

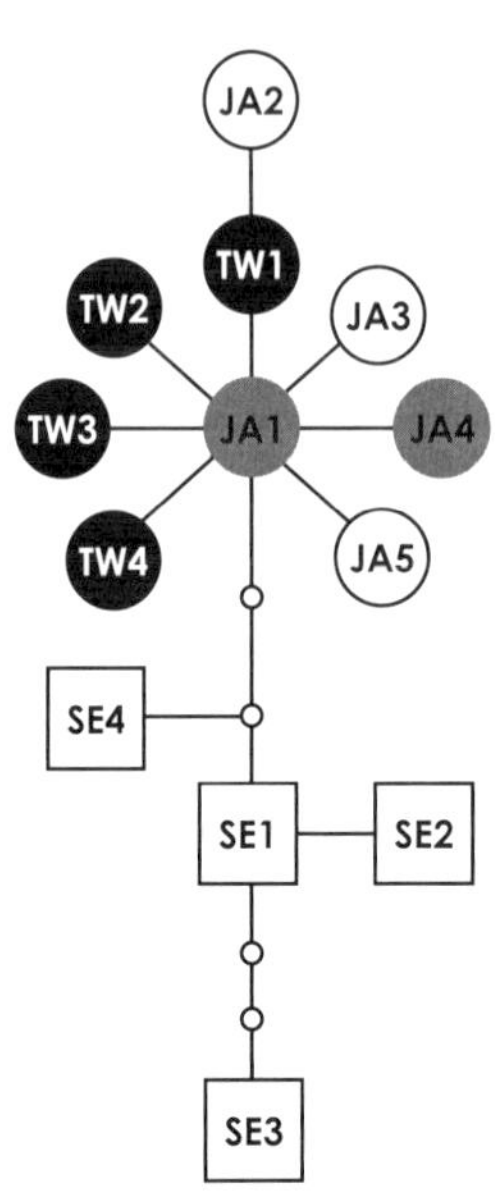

図 3-1　ハクビシンのミトコンドリアDNAチトクロム*b*遺伝子の塩基配列を合わせたネットワーク系統樹。四角または丸の間の棒線ひとつが1塩基のちがいを表す。四角は東南アジア、白丸は日本、黒丸は台湾、灰色丸は日本と台湾で発見されたタイプ。（Masuda *et al.* 2010 より；Masuda *et al.* 2008 のデータを含む）

一方、第2章でも述べたように、日本のハクビシンは台湾に由来するのではないかといわれてきた。私たちのハクビシン論文（Masuda *et al.* 2008）が報告された後、台湾を含めた地域でさらに分析してはどうかという意見もあった。そこで、私としても、もう少しくわしい結果が得られるまで、腰を落ち着けてハクビシンの分析を進めてみることにした。私たちがこの論文を発表した翌年、フランスのグループがアジアの種々の地域から採取されたハクビシンのミトコンドリアDNA（チトクロム*b*遺伝子と制御領域）の分析系統解析結果を発表し、三頭の日本のハクビシンと一頭のベトナムのハクビシンと一頭の台湾のハクビシンが近縁関係にあると報告した（Patou *et al.* 2009）。しかし、この時点でも日本のハクビシンのタイプと一致する海外のハクビシンは見つかっていなかったのである。

3　台湾のハクビシンとの出会い

台湾への訪問

台湾は明らかなハクビシンの分布域の北限の島である。第2章2節で紹介したように、台湾ではハクビシンの化石が報告されている。日本の集団が在来種であるならば、その北限が日本列島まで北上することになる。

さて、台湾は、琉球列島の南西側に位置する島で、その面積は九州に近い。台湾海峡によりアジア大陸から地理的に隔離されている。また、三〇〇〇メートル級の山脈がいくつも連なる。よって、低地帯には亜熱帯性生物が生息するのに対し、高山帯には温帯性や亜寒帯性の生物が分布する。食肉類に限っていうと、比較的低地帯には、イタチ科シベリアイタチ（*Mustela sibirica*）、キエリテン（*Martes flavigula*）、イタチアナグマ（*Melogale moschata*）、ネコ科ベンガルヤマネコ、そしてジャコウネコ科ハクビシンが生息している。そのなかで、日本列島の在来種と共通するものは、シベリアイタチ（日本では対馬在来集団、西日本では韓国からの外来種）とベンガルヤマネコ（日本では西表島と対馬）である。一方、北半球の亜寒帯に分布するイタチ科イイズナ（*Mustela nivalis*）が、台湾の高山帯で発見されている（Lin *et al.* 2010）。このように、台湾には豊富な生物多様性が展開し、東アジアの哺乳類相の成立の歴史を考えるうえで、日本列島と同様に、きわめて重要な地域であるため、ぜひ訪問したいと考えていた。

そこで、台湾東海大学（台湾の言葉で東海はトゥンハイと発音する）に留学し、リス・ムササビ類の研究経験が豊富な押田龍夫氏（現、帯広畜産大学教授）（押田 2023 参照）に相談したところ、台湾の共同研究者として東海大学・林良恭教授を紹介していただいた。林教授は、九州大学で学位を取得され、精力的に台湾の哺乳類研究を推進されてきた研究者である。日本語も堪能で、日本の哺乳類学にも造詣が深く、日本哺乳類学会の大会にもしばしば参加されていた。

私が生活する札幌から台湾の台北へは直行便のフライトがあり、その所要時間は約四時間半である。二〇〇八年一二月、台北空港では、林教授の研究員であった張育誠氏の出迎えを受けた。亜熱帯気候の台湾は、札幌に比べはるかに暖かい。台湾東海大学のある台中まで車で三時間ほどの行程である。高速道路の車中から初めての台湾の風景を楽しむことができた。

図 3-2　台湾特有生物保全研究センターにて、動物標本について筆者に説明する張仕緯博士（向かって左）。（張育誠氏撮影）

台中には、東海大学のほかにも国立自然科学博物館があり、林先生のご紹介で共同研究を進めることとなった。また、第2章で紹介した南投にある台湾特有生物保全研究センター・張仕緯博士から台湾のハクビシンについて話を聞くことができた（図3-2）。さらに、その前年に開業した台湾の新幹線に乗り、台南にある国立屏東科技大学を訪問し、共同研究を開始することとなった。

4　台湾のハクビシンと日本のハクビシン

台湾と日本の遺伝子タイプの同一性と近縁性

台湾のハクビシン二〇頭について、前述と同様の手法でチトクロム*b*遺伝子分析を行い、日本（二〇〇八年に発表した二四頭に新規サンプリング地点を含めた追加分一八六頭の計二一〇頭）や東南アジア（二〇〇八年に発表した五頭）のハクビシンから見つかった遺伝子タイプと比較した（Masuda *et al.* 2010：増田 2011, 2017）。その結果、台湾の各地からのハクビシン計二〇頭から六つの遺伝子タイプを見出し、遺伝子タイプ間の塩基のちがいは最大三つであった（図3-1）。たいへん興味深いことに、そのうち二タイプは日本の集団で見つかったタイプＪＡ１とＪＡ４とぴたりと一致した。さらに、残りの四タイプは日本にも東南アジアにも見られないものであったため、ＴＡ１～ＴＡ４と名づけることとした。また、台湾で見つかったタイプは、ＪＡ１を中心として一塩基が異なる五タイプで構成され、台湾・日本のタイプが放射状のグループを形成した。これは、両地の集団が遺伝的にきわめて近縁であることを示している。ミトコンドリアＤＮＡの系統関係から見ると、台湾と日本のハクビシンは同じ系統に含まれ、東南アジア系統とは明らかに異なると考えてよいであろう。

ここで、日本と台湾に共通して分布するほかの食肉類の分子系統関係を考えてみよう。前節で述べたように、シベリアイタチは、両地域に共通して分布する食肉類である。これまでに、私たちは、アジア全域のシベリアイタチのミトコンドリアＤＮＡ分子系統解析を行い、対馬集団と台湾集団は大きく分化している系統であることを見出している（Ishikawa *et al.* 2020）。また、ベンガルヤマネコの台湾集団と西表島集団（イリオモテヤマネコ）との間にもミトコンドリアＤＮＡの違いが見られた（Tamada *et al.* 2008）。

これらのことを考えると、日本のハクビシンが在来種であれば、台湾集団と日本列島集団の間では、長い時代の地理的隔離により遺伝的分化が進んでいることが認められるはずである。しかし、ハクビシンの遺伝子タイプＪＡ１とＪＡ４が日本と台湾で共有されたことは、両集団間で遺伝的分化が進んでいない（集団が物理的に分かれてから十分な時間を経ていない）ことを示している。

日本のミッシングリンクが台湾から見つかる

一方、日本で最初に見つかった遺伝子タイプＪＡ１とＪＡ４の間には二塩基のちがいがあり、両者の中間のタイプがミッシングリンクとなっていた。私は、このタイプが日本国内でいつか発見されるのではないかと予想していたが、思いがけずも、台湾から見出されたＴＷ１がそのミッシングリンクに相当することが明らかとなった（図３-１）。日本のハクビシンのミッシングリンクの発見は、日本のハクビシン集団が少なくとも台湾に起源を発していることを示す明確な遺伝的証拠が得られたことを意味している。

創始者効果

一般的に、外来種は少数から集団を拡大しているため、外来種集団では創始者効果（ボトルネック効果ともいえる）により、もともとの母集団よりも集団内の遺伝的多様性は低下していることが予想される。新天地にやってきたときの少数の個体（創始者）が偶然有していた遺伝子タイプがその後の世代の集団に広がっていくため、創始者の個体数が少ないほど、創始者効果は大きくなる。極端なことをいえば、雌雄一頭ずつの計二頭が創始者で、ある遺伝子座についてたがいに同じ遺伝子タイプをもっていたならば、その後の世代ではどの個体も同じ遺伝子タイプをもち、遺伝的多様性はゼロとなる。よって、日本のハクビシンが台湾由来の外来種であるならば、日本集団の多様性は当然低いはずである。

表 3-1 日本と台湾におけるハクビシンのチトクロム *b* 遺伝子タイプの遺伝的多様性。(Masuda *et al.* 2010 より)

集団	分析個体数	遺伝子タイプ数	変異サイト数	遺伝子タイプ多様度	塩基多様度
本州全域	162	5	5	0.3249	0.000387
- 関東地方	140	5	5	0.1107	0.000124
- 中部地方	22	3	4	0.6234	0.001458
四国	48	1	0	0	0
台湾	20	6	5	0.8316	0.001039
- 台湾西部	10	3	2	0.6889	0.000721
- 台湾東部	7	3	3	0.7619	0.001337
東南アジア	5	4	6	0.9000	0.002105
分析個体数	235	13	16		

ここで、日本と台湾のハクビシンから検出された遺伝子タイプの頻度を比較してみよう(表3-1)。まず、台湾からの二〇頭を調べた結果、六つの遺伝子タイプが見つかった。その集団の遺伝子タイプ多様度(無作為に二頭を選択した際、両者の間で遺伝子タイプが異なっている確率)は八三パーセントであった。それに対し、本州集団一六二頭で五つの遺伝子タイプが見つかり、その多様度は三二パーセント、四国集団四八頭では単一の遺伝子タイプのみなのでゼロパーセントであった。また、塩基多様度(集団内での遺伝子タイプ間の一サイトあたりの塩基数のちがい)にも同様の傾向が見られ、台湾集団では〇・一〇パーセントに対し、本州集団で〇・〇四パーセント、四国集団でゼロパーセントであった。このように、台湾集団よりも日本集団の遺伝的多様性がきわめて小さいことが明らかとなった。これは、日本のハクビシン集団が形成される際に、起源となる集団の個体数が少数で、かつ、遺伝子タイプの種類も少なかったことによる創始者効果が起きていることを示している。

また、日本で発見されたJA1とJA4以外の遺伝子タイプＪＡ2、ＪＡ3、ＪＡ5は、台湾のハクビシンをさらに数多く調べることにより見出されるのではないかと私は推測している。

5　日本への二つの渡来ルート

共通する遺伝子タイプの意外な分布パターン

日本と台湾のハクビシン集団に共通する二つの遺伝子タイプＪＡ1とＪＡ4の分布パターンから、たいへん興味深い渡来ルートを推定することができた。

まず日本では、ＪＡ1は関東地方から東北地方にかけての「東部」に優占することが明らかになった（図3-3）（Masuda *et al.* 2010）。それに対し、ＪＡ4は中部地方と四国地方にかけての「西部」に広く分布していた。これまで私は、何種もの日本在来食肉類について分子系統を調べてきたが、四国集団と本州集団の間で、同一のチトクロム*b*遺伝子タイプが共有されている例はなかった。両集団の間では、ある程度の遺伝的分化が生じているのが常であった。しかし、ハクビシンの両集団間で遺伝子タイプの共有が見られることも、日本のハクビシンが在来種と考えづらい要素になる。なお、関西地方については、これまでに遺伝子タイプの情報がない。

さらに、群馬県の集団には、ＪＡ1とＪＡ4が共存していることが明らかになった（図3-3）。これは、東部型であるＪＡ1が関東地方を中心に、そして、西部型であるＪＡ4が中部地方を中心に分布を

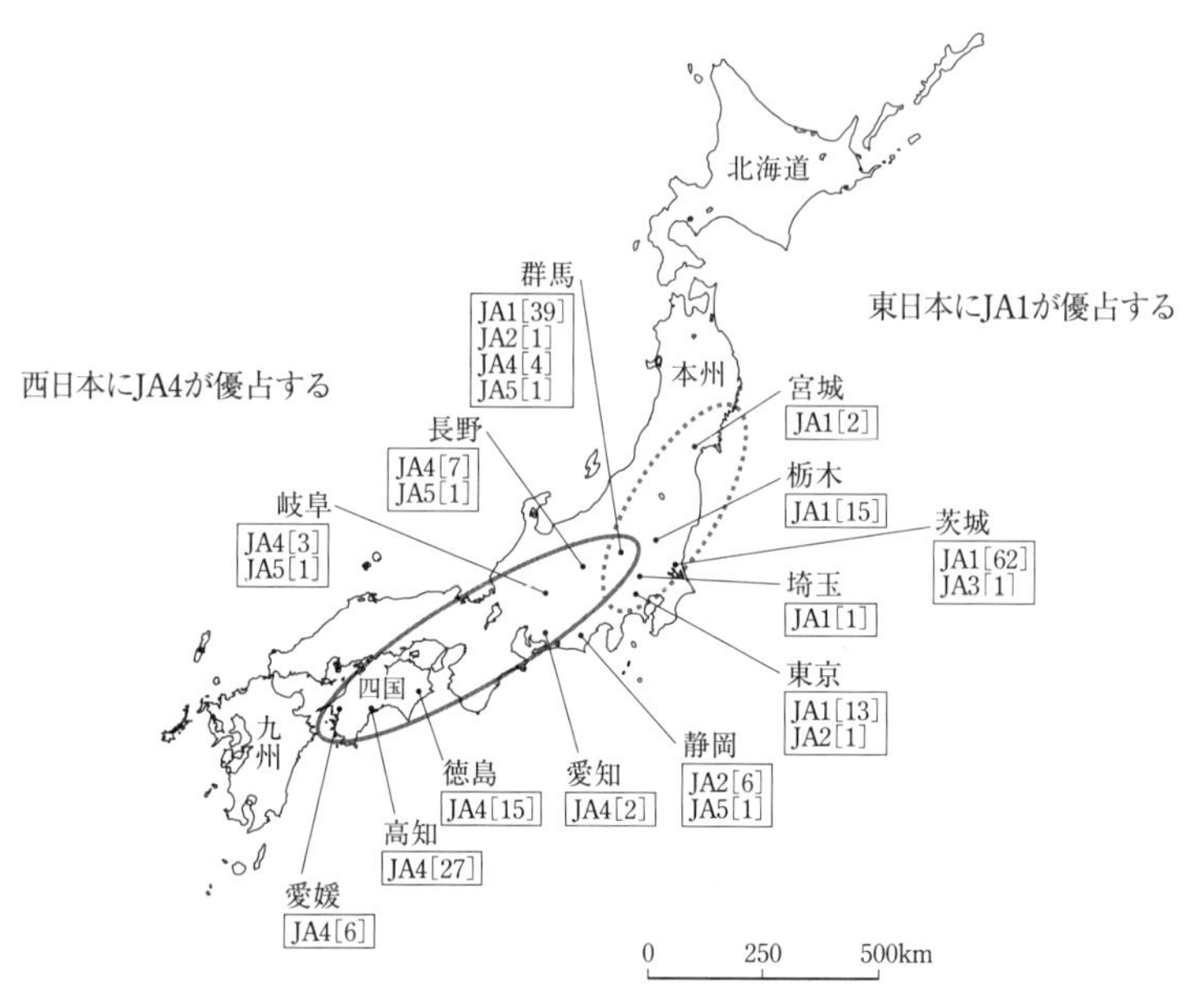

図 3-3　日本におけるチトクロム *b* 遺伝子タイプの分布。[ ] は頻度を示す。（Masuda *et al.* 2010 より）

拡大し、群馬県で両者が出会っていることを示唆している。また、群馬県には、ＪＡ１とＪＡ４以外にも二つの遺伝子タイプＪＡ２、ＪＡ５が分布することは、群馬県周辺がハクビシン分布拡散の十字路であることを示すものである。群馬県周辺や中部地方との間には多くの山岳地帯や盆地が位置しているが、ハクビシンの出没年代の記録と遺伝子タイプの分布を照合しながら、移動の歴史を明らかにしていくことが重要である。なお、第４章では、日本列島における各地の分布記録とその拡大状況を考察する。

さて、台湾での遺伝子タイプの分布はどうであろうか？　私たちの分析の結果、遺伝子タイプＪＡ１は、台湾の比較的西部における低地帯に分布していることが判明した。それに対し、ＪＡ４は比較的

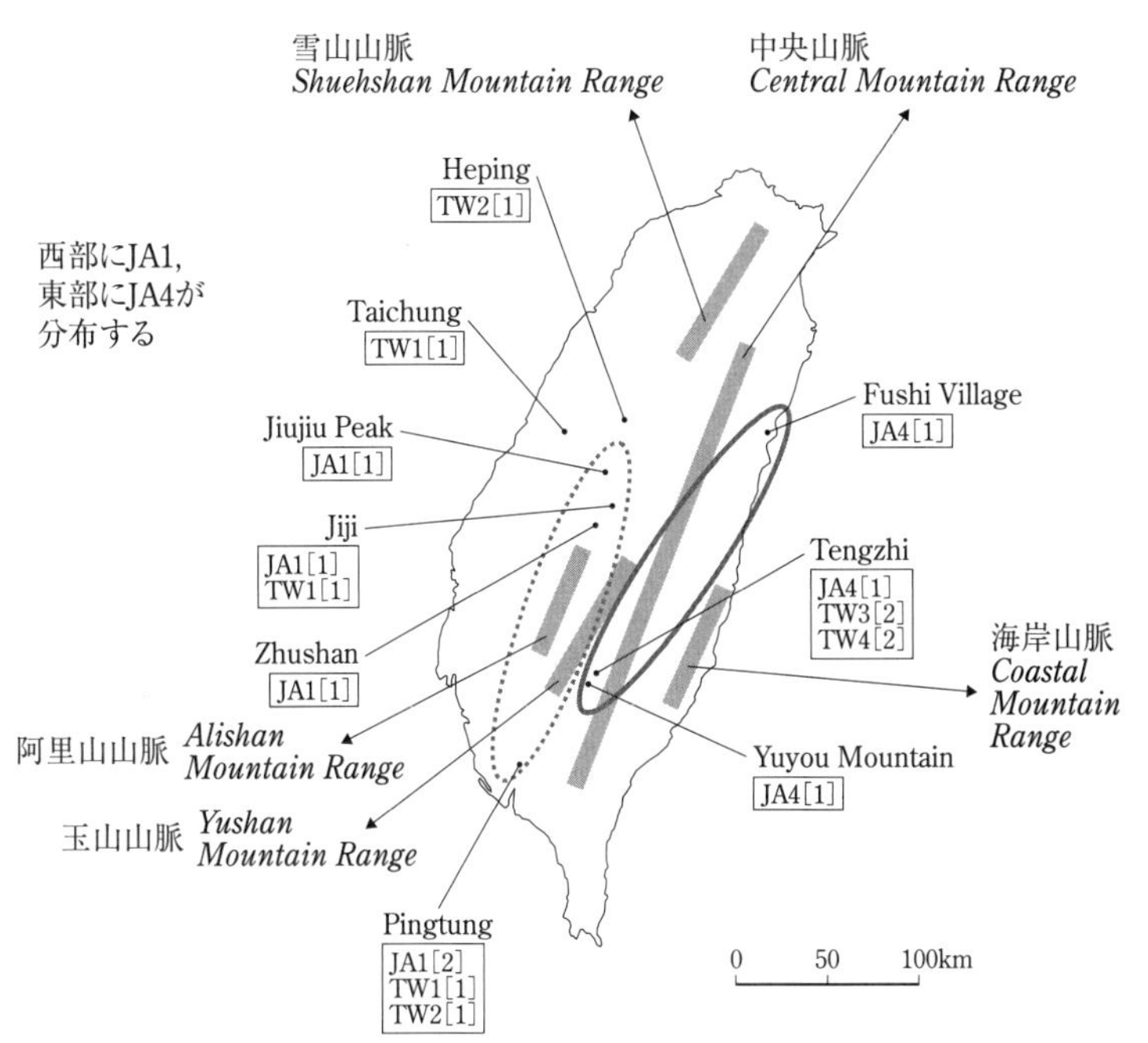

図 3-4　台湾におけるチトクロム *b* 遺伝子タイプの分布。山脈が遺伝子タイプの分布の障壁となっている。[ ] は頻度を示す。（Masuda *et al.* 2010 より）

東部に集中していた。さらに興味深いことは、ＪＡ１はＴＷ１とＴＷ２とともに台湾西部（かりに西部型遺伝子タイプと呼ぶことにする）に分布し、ＪＡ４はＴＷ３とＴＷ４とともに台湾東部（東部型遺伝子タイプ）に分布している。西部と東部を合わせて九カ所のサンプリング地点であったが、西部型遺伝子タイプと東部型遺伝子タイプが共存する地点はなかった（図３-４）。

面積が九州ほどの台湾には、三〇〇〇メートル級の五つの山脈が南北に走っている（雪山山脈、中央山脈、海岸山脈、玉山山脈、阿里山山脈。図３-４参

図 3-5　台湾中部に位置する南投の山間部の様子。（筆者撮影）

照）（図3-5）。これらの山脈は、台湾における生物地理学的特徴の形成に大きく影響を与えてきた。台湾のハクビシンの分布域は標高五〇〜二〇〇〇メートルと報告されており（Cheng and Wang 1993）、これらの山脈はハクビシンの移動の障壁になっている可能性が高い。事実、私たちが見出した西部型遺伝子タイプと東部型遺伝子タイプの分布区分は明瞭であった。これは、台湾のハクビシンが台湾在来であることを示す系統地理学的証拠であるといえるだろう。ほかの台湾在来哺乳類では、クリハラリスが台湾の山脈で隔離され、四つのグループに分かれていることが分子系統学的に報告されている（押田 2023）。

台湾から日本への渡来ルート

日本と台湾の間で二つの遺伝子タイプJA1とJA4の分布パターンを比較すると、次のような台湾から日本への渡来ルートが見えてくる。

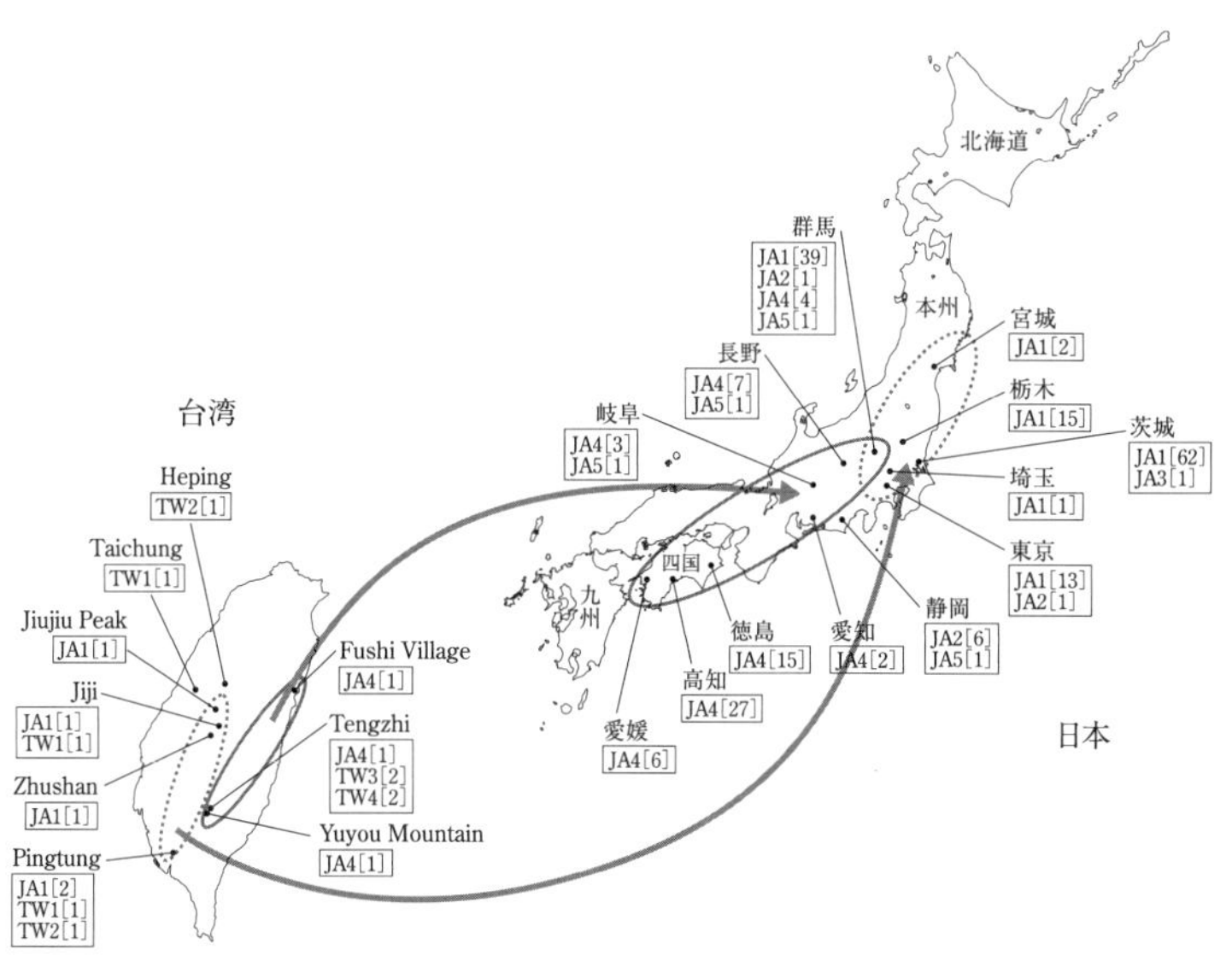

図3-6　台湾から日本へのハクビシンの渡来ルート。少なくとも2つのルートがあったと思われる。（Masuda *et al.* 2010 および増田 2017 より）

まずＪＡ１の分布状況から、台湾西部から日本東部（関東地方）への渡来である。そしてＪＡ４の分布から、台湾東部から日本西部（中部、四国地方）へ移入されたと考えられる。つまり、日本への移入には少なくとも二つのルートがあったといえる（図３‐６）。

では、どのようにして日本へ持ち込まれたのであろうか？　第２章で述べたように、南洋漁業で台湾に立ち寄った日本の漁船の船員がペットとして入手し、日本の港に持ち込んだのか？　または、毛皮養殖のために台湾から持ち込まれ日本国内で飼育されていた個体が逃げ出したり放獣されたことに起因するのか？　これらの点は、遺伝子データだけでは明らかにできない。一方、日本で、いつごろ、どの地域から分布が拡大していったのかという分布拡散の歴史は、各地の出没記録と遺伝子タイプの分布からある程度推定できるもの

図 3-7　自動カメラで撮影された台湾のハクビシン。顔面の白い鼻すじや全身の毛色は日本のハクビシンと似ている。（張仕緯博士撮影）

と思われる。その文献記録については、第4章で考察する。あらためて台湾のハクビシン（図3-7）を眺めると、その毛色パターンが日本のハクビシン（図1-1参照）とよく似ていることがわかる。

第4章　日本で繁栄するハクビシン

1　日本で分布拡大するハクビシン

各地におけるハクビシンの分布情報

環境省によるハクビシン調査では、全国（計一万九二五五メッシュ）の約二六パーセントにあたる五〇五二メッシュにおいて情報があり、北海道、山口県、九州・沖縄地方の計一〇道県を除く三七都府県において生息分布が確認されたことが、ウェブサイト上で公開されている（環境省 2018）。

さらに、文献情報を調べると、各地の博物館年報、自然史研究会誌、行政年次報告などに、その地域でのハクビシンの初めての分布記録（ロードキル、目撃情報など）、進出の歴史、農作物や住居への被害状況が報告されていることがわかった。それらの情報を集積し、各地のハクビシンのDNA分析データと比較解析することにより、日本列島におけるハクビシンの分布拡大の経過が明らかになってくる。以下に、私が調べることができた範囲内で、地域別の分布状況について特記事項を含めて記すこととした。網羅的ではないため、重要な情報を見逃している際にはご容赦いただきたい。

東北地方のハクビシン

福島県では、一九五九年から一九六〇年にかけて東白河郡古殿町において六頭のハクビシンが捕獲され、そのうち一頭のオス幼獣が形態計測され標本となっている。この周辺では、ハクビシンが飼育された記録はないが、一九五五年ごろから地元の狩猟家の間で知られ始めたという（小原 1961）。

宮城県では、一九五五年、牡鹿郡萩浜村（現在、石巻市）で捕獲された。それ以前の一九五一年から一九五四年にかけての毎年、牡鹿郡や桃生郡（現在、石巻市）ではハクビシンが捕獲されていたと報告されている（立花 1955）。石巻は港町で、遠洋漁業の根拠地になっており、漁師が南洋で立ち寄った地域からペットとして持ち帰ったハクビシン個体が繁殖し、外来種となった可能性も考えられている。

山形県では、ハクビシンの分布情報の文献が見当たらないが、農林水産省東北農政局のホームページでは、すでに二〇〇八（平成二〇）年から二〇二一（令和三）年までにハクビシンによる農作物への被害が出ていることが公開されている（東北農政局 2021）。

岩手県では、二〇〇二年にはハクビシンの生息情報はなかったが、二〇一七年に県内の広い範囲で生息が確認され、盛岡市などの都市部でも定着している（福島ほか 2023）。盛岡市において捕獲されたハクビシンに、ＧＰＳ（全地球測位システム）首輪をとりつけて追跡調査が行われており、都市部において商業地域が避けられて行動していることも明らかになっている（福島ほか 2023）。

秋田県では、北秋田市で二〇一三年以降、ハクビシンの目撃・死体発見情報がある（足利 2022）。ハクビシンの分布は、関東地方から北上し、本州最北端に位置する青森県に到達している。確実な分布情報としては、二〇〇六年七月、青森市田茂木野で発見されたロードキル個体によるものである（笹森 2007）。それ以降も、ロードキルや自動カメラによる生息記録がある。一方、農林水産省東北農政局のホームページでは、青森県におけるハクビシンの農作物への被害は、すでに二〇〇八（平成二〇）年から二〇二一（令和三）年まで公開されている（東北農政局 2021）。

関東甲信越地方のハクビシン

神奈川県におけるハクビシンの記録として、一九五八年一二月に山北町大叉沢で幼獣が捕獲された。その後、一九六三年四月に丹沢で一頭、一九六五年に山北町で三頭が捕獲され、その標本が神奈川県立博物館に保管されている。その後も捕獲記録があるが、神奈川県で捕獲例が増えるのは一九八〇年になってからである。捕獲時期と捕獲地点は県西側に集中しており、神奈川県への最初の進出は静岡県側からであると考えられている（中村ほか 1989）。

東京で初めてのハクビシンの分布情報は、一九八〇年三月に八王子市で保護された一頭である。その後、東京都東部からの分布情報が続いた。東京への侵入経路として、隣接する山梨県から、または、神奈川県からのルートが考えられている（金井 1989）。

埼玉県におけるハクビシンの分布記録は、一九七八年一月、名栗村（現在、飯能市）の成獣のロードキルである。その後、一九八四年までにおもにロードキルとして一一個体が記録されている。おもな発見地は東京都多摩地区と接している（鈴木 1985）。よって、東京都から埼玉県へ侵入してきた可能性が考えられている。

千葉県のハクビシン分布情報は関東地方ではもっとも遅く、一九八七年大原町で初めて確認された。隣接する三都県（東京都、埼玉県、茨城県）の分布状況にもとづくと、茨城県から移入した可能性が高い（落合 1998）。その後、一九九七年までに県内に広く分布するようになったが、県東北部の市町村からは記録がなかったところ、二〇〇三年五月、県東北部にあたる我孫子市でロードキルと思われる若いメス成獣が発見された（平岡ほか 2004）。

茨城県では、一九六三年に初めてハクビシンの分布が確認され、その後、山地、平地、市街地に分布を拡大している（茨城動物研究会 2004）。

栃木県では、一九六八年以降に分布拡大し、県北西部の亜高山帯、高山帯を除き、広い地域に生息している（栃木県 2021）。

群馬県では、一九八二年に初めてハクビシンの分布が報告された後、一九九二年までに県内の一〇市町村（一二地点）で分布が確認され、群馬県立自然史博物館収蔵の標本（一九九〇～一九九七年）および発見記録（一九八七～一九九七年）の新たな一六地点の情報がまとめられている（樺澤 1998）。この報告では、群馬県の地図上で計二八地点が示されており、古い記録は、西部の一部、東部の一部にあるのに対し、新しい記録は比較的中央部に見られる。さらに、二〇〇七～二〇〇八年には中山間地域を中心に生息域が拡大し、都市部への進出が確認された（姉崎ほか 2010）。つまり、群馬県の周囲から中央部へハクビシンが侵入した後、分布を拡大してきたことを物語っている。第3章および本章後半で述べているように、集団遺伝学的解析の結果は群馬県がハクビシン分散の十字路であることを示しており、この分布記録と矛盾しない。

新潟県でのハクビシンの最初の記録として、岩船郡朝日村（現在、村山市）において、一九七八年五月に川に流れてきたハクビシンのへい死体が回収され、当時の朝日村教育委員会によって剥製にされている（風間 1982）。その後、一九八二年までに、新潟県内で九個体の記録が報告されている。一九七五年ごろからハクビシンらしい動物の目撃情報はあった。県内への侵入は、山形県、福島県からとも考えられている（風間 1982）。現在の分布状況は、標高の高い山地部を除く県内のほぼ全域に分布、佐渡には生息していない、市街地の家屋などにも侵入していると報告されている（新潟県 2019）。

山梨県では、一九五四年二月、西八代郡においてイヌが捕らえてきたハクビシンのオス一頭が回収され、形態計測と剖検が行われている（宇田川 1954）。聞き取りでは、一九五二年以前にも西八代郡周辺でハクビシンが捕獲されている（宇田川 1952, 1954）。

中部地方のハクビシン

愛知県では、一九五五（昭和三〇）年ごろ、静岡県に隣接する東栄町で捕獲されたハクビシンが県内で初めての記録である（原田 1967）。その後、三河山地を中心に分布が拡大している。豊橋市内のハクビシン捕獲情報が記録されている（安井 2003）。

岐阜県では、聞き取り調査により、一九五五年ごろの上矢作町でのロードキルが最初のハクビシン分布情報で、一九七〇年代以降、剝製標本の確実な分布情報が報告されている（田口 1990）。初期の報告は県南西部から始まっている（田口 1990：岐阜県博物館 1991）。前述のように、愛知県内で一九五四年に最初にハクビシンが発見されたのは岐阜県と隣接する三河山地であり、また、やはり岐阜県との県境に近い長野県南部の下条村でのハクビシン記録は一九五一年なので、愛知県または長野県から岐阜県に侵入してきたと考えられる（田口 1990）。その後、岐阜県内で、西方の美濃地方と北方の飛驒地方へ分布を広げたと考えられている。

静岡県における初めてのハクビシンの記録は、一九四三年一二月、浜名郡知波田村（現在、湖北町）で捕獲されたもので、県庁にその毛皮が保管されている（那波 1965）。一九五〇年、静岡市において雌雄が捕獲されたとのことである（宇田川 1952）。一九六三年三月に伊豆半島の西伊豆町で一頭が捕獲されたが、同県東部では初めての記録である（那波 1965）。

長野県では、一九五一年、下伊那郡下條村にてハクビシン一頭（島岡 1953）、下伊那郡和田村（当時）にて一頭が捕獲された（島岡 1955）。この地域は、静岡県と接する長野県南部であるため、ハクビシンは静岡県から侵入してきた可能性がある。

北陸地方のハクビシン

福井県では、一九八一年四月に大野市で初めてハクビシンの死体が拾われ、現在、その標本が福井市立郷土博物館に保存されているという。その後の目撃例もあり、岐阜県美濃地方から分布拡散したものと考えられている（水野 1983）。

石川県では、一九八三年六月に福井県に接する江沼郡（現在、加賀市）で発見されたオス成獣のロードキルが最初の報告である（水野 1983）。一九九七年から二〇〇四年までの調査結果では、石川県内の広域と能登半島にも分布が確認されている（井上・中村 2004）。分布拡大の状況を見ると、福井県から石川県への移動が考えられる。

富山県では、聞き取り調査により（赤座・南部 1998）、一九八〇年代前半（一九八〇年、一九八二年、一九八三年）の三例が、県南部の細入村から早期のハクビシン記録として得られている。その後、一九八〇年代後半から分布情報が増加し、地域も県東部や西部に広がっている。また、それ以前に岐阜県飛騨地方でハクビシン分布情報が広がっている状況を考えると、飛騨地方から富山県南部そして東部へ分布拡大したことが考えられる。一方、富山県西部への侵入は、南部からか、または石川県側からの可能性もある。これは、今後のDNA分析が明らかにしてくれるであろう。生息が確認された地域の約九〇パーセントが標高三四〇メートル以下の丘陵や山麓地帯で、標高五〇〇メートル以下の山地帯にも広く生息していることが明らかとなった（赤座・南部 1998）。

近畿地方のハクビシン

大阪府では、二〇〇〇年に初めてハクビシンが記録された（浦野ほか 2000；長谷川ほか 2022）。現在では、大阪府北部の山地帯を中心に分布し、市街地にも生息し、果樹への食害が報告されている（長谷川ほか 2022）。

兵庫県では、最初のハクビシン侵入時期は不明であるが、五キロメートル四方メッシュのアンケート調査により、すでに二〇〇四年度には分布が確認されている。二〇〇四年度、県北部の但馬地域の一部において分布が連続し、その後、分布が増加し、二〇一六年度以降は本州部のほぼ全域、淡路地域の北部と南部に分布している（栗山・高木 2020）。

京都府では分布に関する文献はきわめて少ないが、文化財の古い建築物へのハクビシンの侵入・爪痕被害が増えており、それらの建築物への出没動向が調査されている。京都市内で行われた捕獲調査において、二〇一〇年から二〇一四年までのハクビシンの捕獲状況が報告されている。さらに、二〇一四年からは寺社に自動カメラを設置し、行動の様子が記録されている（川道ほか 2015）。

奈良県でも最初の侵入時期の情報はないが、二〇一六年三月に公表された奈良県外来種リストでは、ハクビシンは定着種とされている（奈良県 2016）。また、奈良市の報告によれば、二〇二〇年から二〇二一年には奈良市において、自動カメラでハクビシンが撮影されている（奈良市 2022）。

和歌山県では、ハクビシンは二〇〇九年にかつらぎ町で、二〇一二年白浜町十九淵で各々初めて確認され、県全域で生息情報が確実に増え、平地から山間部まで幅広く分布を広げている（和歌山県 2019）。田辺市にあるふるさと自然公園センターの鈴木和男氏（私信）によると、田辺市周辺では少なくとも二〇一二年から現在にかけて毎年捕獲記録があり、年ごとに増加している。

滋賀県では、ハクビシンは強影響外来種で指定外来種として選定されている（滋賀県 2019）。しかし、分布情報に関する具体的な報告書などは見当たらない。

三重県からのハクビシン分布情報に関する具体的な報告書などは見当たらない。環境省によると、三重県においても分布が記録されている（環境省 2018）。一九八〇年代において、三重県での分布について有無の両論があったとのことである（中村ほか 1989）。

中国地方のハクビシン

鳥取県若桜町において、二〇一〇年一一月にハクビシンのメス成獣が捕獲され、解剖報告がなされている（國永ほか 2017）。これが、鳥取県内で最初のハクビシン記録である。さらに、この個体を含め、二〇一〇年から二〇一六年にかけて八頭の捕獲またはロードキルの記録があり、すべて県東部からのものであるため（一澤ほか 2017）、東部に位置する兵庫県からの侵入の可能性が考えられる。

島根県益田市で、二〇一六年七月にオス成獣が捕獲されたのが最初で、その後、二〇二〇年までに捕獲またはロードキルの記録がある（遠藤ほか 2023）。

岡山県倉敷市で、二〇一六年五月にハクビシンのへい死個体が発見され、その解剖記録が報告されている（小林ほか 2017）。オス成獣であったが、これが岡山県での初めての学術的な分布記録となる。

広島県福山市で、ハクビシンが自動カメラに撮影されたことが報告された（増永ほか 2022）。これが、広島県内で初めて学術的にハクビシンの分布が確認された確実な記録である。

山口県では、第2章で紹介したように、江戸時代の古文書に周防国のハクビシンが記録されているが、現代では分布情報は確認されていない。後述するが、それが関門海峡を越えて九州へ分布拡散しない理由のひとつと思われる。

四国地方のハクビシン

現在、四国では全県でハクビシンの分布が確認されている。

愛媛県では、一九五五年に面河村での捕獲記録があり、一九六〇年代に急激に分布を拡大した（山本1996）。愛媛県自然保護課の集計では、一九九四年度狩猟期間中に六二頭が捕獲されているとのことである。

香川県では、一九三六年に塩江町で捕獲されたのが最初である（森井・佃 1996）。一九七〇年代には、種々の地域で記録され、個体数がかなり増加した。

徳島県で初めてハクビシンの分布が知られたのは一九五四年で、一九七〇年ごろからハクビシンによる被害が出始めている（森井・佃 1996）。

高知県での分布情報としては、年月は明確でないが、太平洋戦争後に人家近くでハクビシンが目撃されるようになり、ナシ園の被害が多くなったと報告されている（越知町史編纂委員会 1984）。また、ハクビシンは昭和三〇（一九五五）年に愛媛県面河村で発見以来、高知、徳島で昭和三二（一九五七）年ごろ、香川では昭和四四（一九六九）年に発見され、全四国で見られるようになった（古谷・森川1982）。四国内の他県について前述との年号が一致しないが、高知県でも一九六〇年代には分布していたようである。一九七三年の高知県からの報告では、すでに県内に広く分布している（古谷 1973）。

以上、各地域の文献情報を中心に述べてきた。文献情報に記されていない地域や時期にも、ハクビシンはすでに分布していた可能性はある。しかし、これまでの文献情報を概観すると、①中部地方から北と西への拡散、②関東地方から東北地方への拡散、③四国内での早い拡散、④近畿地方と中国地方での遅い拡散、⑤北海道と九州で分布情報がほとんどないこと（本章3節で詳述する）、が浮き彫りになってきた。これらの情報とDNA分析データとを比較することにより、日本におけるハクビシンの分布拡散状況がより明らかになってくるものと思われる。

2 本州と四国のハクビシン――DNAから見た地理的変異と多様性

ミトコンドリアDNAの系統から見た多様性

その地にハクビシンが到達した後、個体数が増加しヒトに目撃されたり捕獲・ロードキル情報があるまでには、ある程度の時間がかかっているものと思われるため、文献に記された時期はあくまでも「少なくともそのときまでにはハクビシンが到達していた時期」ということになる。

一方、第3章で紹介したように、ミトコンドリアDNAのチトクロム*b*遺伝子の分析により、日本のハクビシンの祖先が台湾から渡来したことが明らかになり、遺伝子タイプの分布から、移動ルートがある程度推定できた（Masuda *et al.* 2010）。

日本で見つかった五つの遺伝子タイプ（JA1～JA5）の分布状況をもう少しくわしく見てみよう。すでに第3章（図3-3参照）で述べたように、遺伝子タイプの分布パターンの大きな特徴は日本東西で異なっており、ＪＡ１が東日本（東京一三頭、埼玉一頭、茨城六二頭、栃木一五頭、宮城二頭、群馬三九頭）で優占する一方、ＪＡ４が西日本（愛媛六頭、高知二七頭、徳島一五頭、愛知二頭、岐阜三頭、長野四頭、群馬四頭）で優占していることである。

ＪＡ２は、東京で一個体、静岡で六個体、群馬で一個体に見出されており、東西日本の中間地帯に分布する。

ＪＡ３は東日本の茨城一個体のみで見つかった頻度の低い遺伝子タイプである。

ＪＡ５は岐阜・長野・静岡・群馬で各一個体が発見されている。

このように、頻度が比較的低いＪＡ２、ＪＡ３およびＪＡ５の分布も、ハクビシンの移動拡散を考えるうえで重要な情報になるものと思われる。

さらに、当研究室の大学院生・遠藤優さんは、ハクビシンのミトコンドリアＤＮＡの制御領域（Ｄループ）の部分配列を調べた（Endo *et al.* 2020）。制御領域はタンパク質を翻訳する遺伝情報をもたない（タンパク質をコードしていない）ため、塩基配列の突然変異が比較的蓄積しやすく、一般的にチトクロム*b*遺伝子に比べて変異速度が速い特徴をもち、さらに地理的変異を検出できることがある。実際、日本のハクビシンから制御領域の六つの遺伝子タイプ（ＪＴ１、ＪＴ２、ＪＴ３、Ｊ１、Ｊ２、Ｊ３）が検出された。一方、台湾からは一〇個の遺伝子タイプ（ＪＴ１、ＪＴ２、ＪＴ３、Ｔ１〜Ｔ７）が見出され、そのうち三つは日本から見つかったタイプと共通であった。ここでも、台湾ハクビシンの遺伝的多様性が高いことがわかる。

一方、ミトコンドリアＤＮＡは環状構造をもち、制御領域とチトクロム*b*遺伝子領域とは二つのトラ

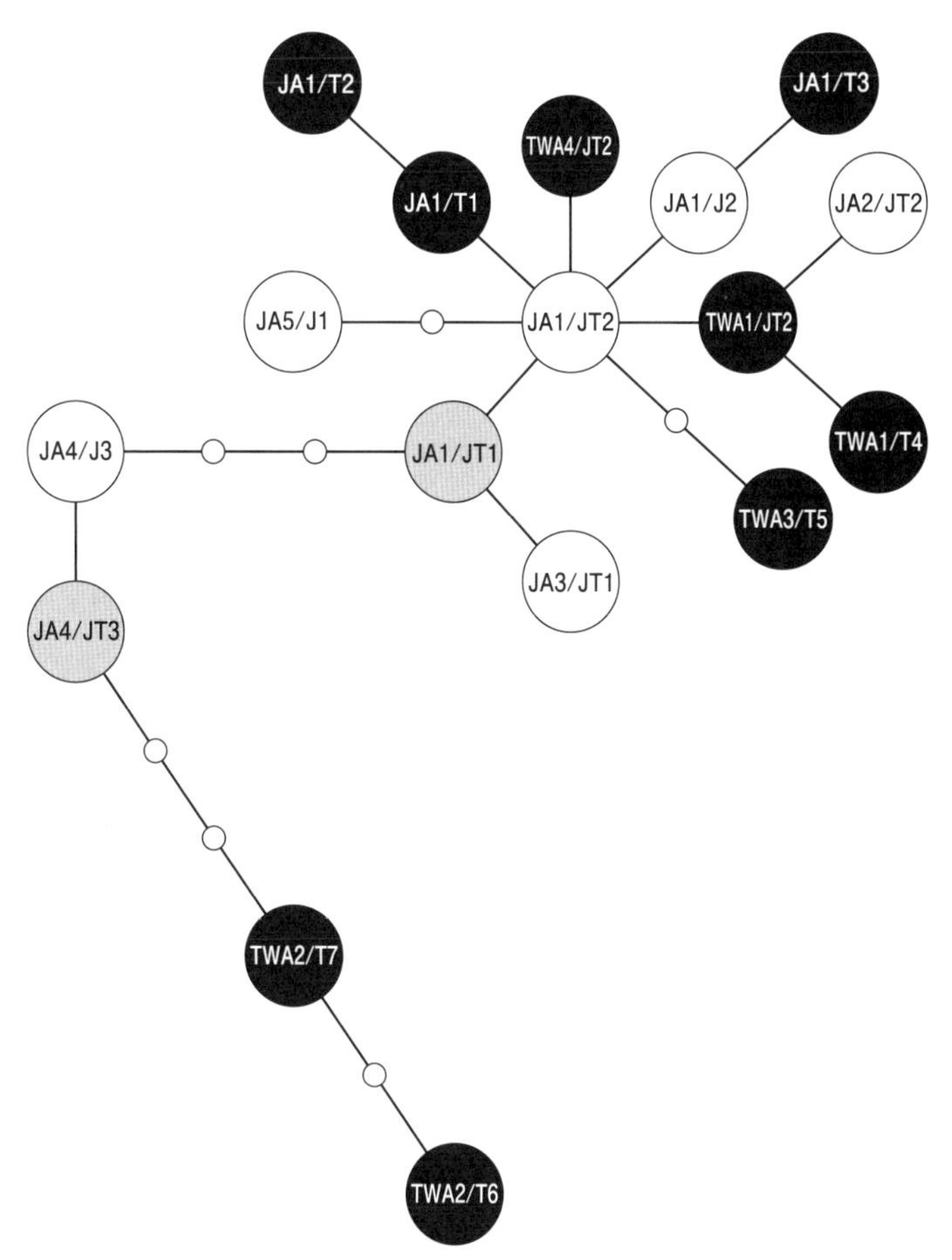

図 4-1　ハクビシンのミトコンドリア DNA チトクロム *b* 遺伝子と制御領域の塩基配列を合わせたネットワーク系統樹。ひとつの丸のなかに「チトクロム *b* 遺伝子タイプ／制御領域タイプ」が示され、丸の間の棒線ひとつが 1 塩基のちがいを表す。白丸は日本、黒丸は台湾、灰色丸は日本と台湾で発見されたタイプ。（Endo *et al*. 2020 より）

ンスファーRNA遺伝子をはさんでつながっている。そこで、各個体について、制御領域の塩基配列と既報のチトクロムbの配列データ（Masuda *et al.* 2010）をつないで遺伝子タイプを決め、その系統関係と地理的分布を調べた。その結果、一七個の遺伝子タイプが得られ、それらを用いた系統樹では既報のチトクロムb遺伝子タイプがさらに複数に分かれることとなった（図4-1）（Endo *et al.* 2020）。

地理的分布を見ると、台湾東部に分布するJA4／JT3（チトクロムb遺伝子タイプ／制御領域タイプ）が日本西部に分布し、チトクロムbタイプのみの結果と一致した。一方、日本東部に優占するのはJA1／JT1であるが、台湾では由来地不明の個体一頭のみで見出された。台湾に分布するJA1系統は、西部のJA1／T1、JA1／T2、JA1／T3であり、制御領域のデータを加えても現時点では解像度が上がったわけではない。この点は、台湾の分析個体数を増やすことにより明らかになるであろう。

また、既報のチトクロムb遺伝子データに比べ、群馬県、東京都、四国地方に分布する遺伝子タイプの種類が増えた。これは、これらの地域で複数回の移入があった、または、創始者集団に複数の遺伝子タイプが含まれていたことを示している。とくに、四国では、高頻度のJA4／JT3と低頻度のJA4／J3が高知と徳島に分布する。それに対し、本州中部では、JA4／JT3のみが見られる。これは、四国の渡来の歴史が、本州とは異なることを示唆している。または、JA4／JT3とJA4／J3との間のちがいは一塩基のみなので、四国内で塩基置換を起こし、分布拡大したのかもしれない。

さらに、中国地方の島根県のハクビシン四頭が分析された結果、全個体が同じ遺伝子タイプJA4／J4を有しており、このタイプは四国に分布する既報のJA4／J4と一塩基のみのちがいであった

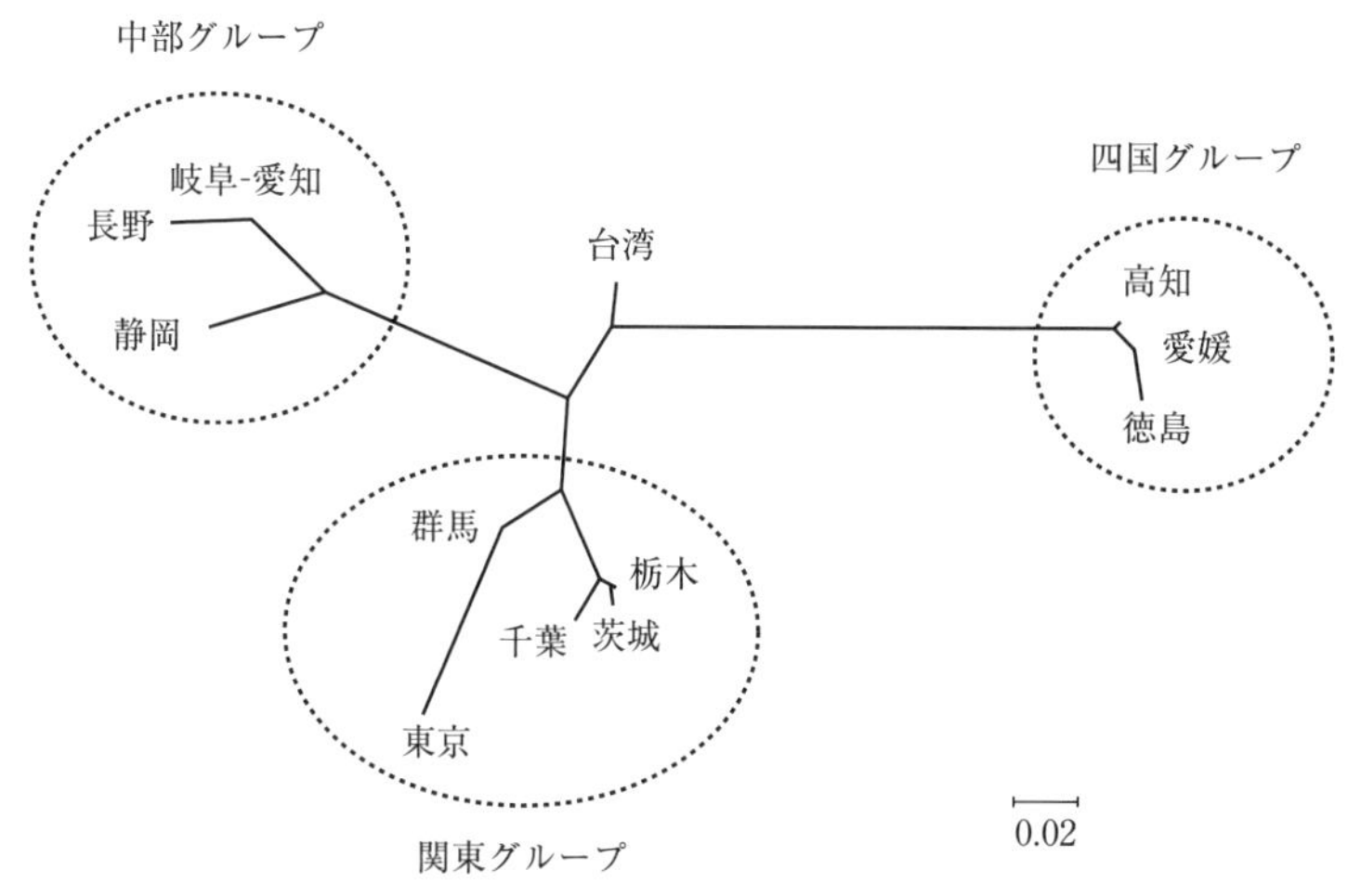

図 4-2　ハクビシン集団のマイクロサテライト DNA 分析から得られた遺伝距離（F_{ST}）にもとづく近縁関係。（Inoue *et al.* 2012 より）

（遠藤ほか 2023）。島根と四国の関係を明らかにするためには、今後、中国地方において広く他県のハクビシンを解析する必要がある。

マイクロサテライトＤＮＡから見た多様性

これまで指標にしてきたミトコンドリアＤＮＡは母系遺伝子であるため、その分析により、地域集団の母系列を少数のサンプルを用いて明らかにできるという利点がある。一方、オス由来の遺伝的要素を加味していない。そこで、両親から伝わる遺伝子（両性遺伝子）を用いて、ハクビシン集団を解析することにした。

ゲノムＤＮＡのなかには、数塩基を単位とした繰返配列（マイクロサテライト）が散在している。その反復の回数には多様性（個体差）が高いため、マイクロサテライト領域をはさんだＰＣＲプライマーを設定すれば、反復回数のちがいをＰＣＲ産物の分子サイズの異なる対立遺伝子（アレル）として検出

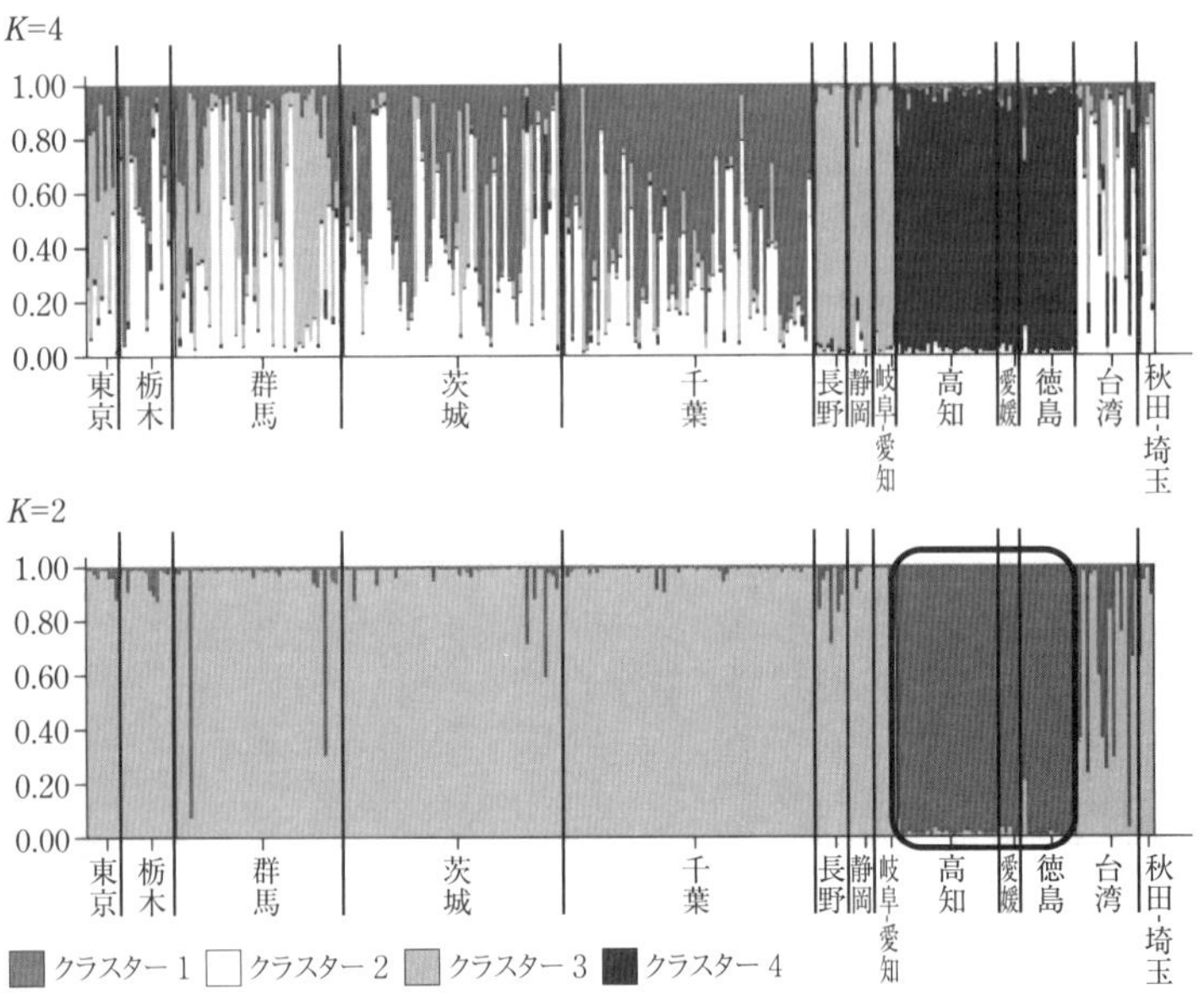

図 4-3　ハクビシン集団のマイクロサテライト DNA 分析による遺伝的グループ（クラスター）分け。*K* は想定する遺伝的グループ（クラスター）の数。縦の 1 本 1 本が 1 個体を示す。（Inoue *et al*. 2012 より）

することができる。この分析には、当研究室の修士課程大学院生であった井上友さんが取り組み、マイクロサテライトのなかでも複合型マイクロサテライトのPCRプライマーを新たに開発・導入した（Inoue *et al.* 2012）。

このマイクロサテライト解析により、集団間の遺伝距離を算出し、系統関係をネットワーク樹で示すと、関東グループ（東京、群馬、千葉、茨城、栃木）、中部グループ（岐阜-愛知、長野、静岡）、四国グループ（高知、愛媛、徳島）の三つに分かれた（図4-2）。その三グループの中間に台湾のハクビシン集団が位置したことは、前述のミトコンドリアDNA分析により示された台湾集団が日本集団の起源であることを支持している。また、関東グループと中部グループは比較的近く、四国グループは比較的遠いことも明らかとなった。

遺伝的分集団（クラスター）を想定したマイクロサテライトの遺伝子型のSTRUCTURE解析においても、日本の三グループと台湾グループで各々の特徴が見られた（図4-3）。まず、ネットワーク樹と同様に、各グループ間の相違が色分けにより示された。関東グループ内では、千葉・茨城・栃木の間が比較的近く、群馬と東京はほかの集団から比較的遠縁であった。四国グループは、やはり遺伝的分化度が高いことが明らかとなった。これは、四国グループの移入経緯が、中部グループや関東グループと異なることを示唆している。

また、対立遺伝子数を標準化した多様性を表す指標（アレルリッチネス）を算出したところ、日本各地の集団に比べ、台湾集団が最高値三・四を示した（Inoue *et al.* 2012）。これも、日本集団が台湾集団の一部から形成されたことを間接的に示唆している。

次のステップとして、当研究室では、日本のハクビシンにおいてより多くの多型性を検出するため、ハクビシンの全ゲノムに散在する一塩基多型（SNP）の配列を決定し、日本の集団構造と拡散の歴史を明らかにする試みを進めている。近い将来、これまでよりも精度の高い成果が得られるものと期待している。

群馬のハクビシン——関東グループと中部グループのコンタクトゾーン

第3章と本章で述べたように、少なくとも本州の群馬は、ハクビシンの関東グループと中部グループのコンタクトゾーンであることが判明した。前節で述べたように、群馬における分布記録（樺澤

1998：姉崎ほか 2010）では、隣接する地域からの侵入が記録されており、その移動の情報とDNA分析データは矛盾しない。

まだDNA分析を行っていない地域、すなわち、群馬の南側である山梨県、神奈川県、群馬の北側の新潟県あたりもコンタクトゾーンになっている可能性がある。今後、サンプリング地域を北陸地方、甲信越地方に広めることにより、移動の推移が浮かび上がってくることが期待される。

3 北海道と九州のハクビシン——日本列島での北上と南下

北海道奥尻島のハクビシン

北海道でのハクビシンの生息情報は、渡島半島西方の日本海に浮かぶ奥尻島から、町役場の定期刊行物「広報おくしり」により少なくとも三回報告されている。

まず、最初は、一九八四年一二月に奥尻島東部の長浜海岸沿いの道路脇でロードキル個体が発見されている（奥尻町 1985）。掲載された写真からすると幼獣のようである。発見者によると、その一六年前からハクビシンらしい足跡を見つけていたとのことである。二回目の報告は、二〇〇〇年四月に球浦地区（西海岸）の道路沿いでのロードキルで、掲載された写真から幼獣と思われる（奥尻町 2000）。三回目の報告では、二〇〇二年一月に奥尻島赤石地区の倉庫内で生きた成獣のハクビシンが写真撮影されている（奥尻町 2002）。その記事によると、カットしたリンゴを与えたところ、翌日には食べてなくなっていたとのことである。その個体は、一週間ほどその倉庫において見かけたが、その後姿を消したとのことである。一月という真冬なので、倉庫内で寒さをしのいでいたものと考えられる。

さらに、奥尻島で発見され冷凍保存されていたロードキル二個体が、国立科学博物館で標本にされ、その外部形態、頭骨、体重などの計測記録が報告されている（吉行 1992）。一頭は一九八四年一二月に奥尻島東部の海岸にて発見された個体（メス幼獣）なので、前述の「広報おくしり」（奥尻町 1985）に記載された個体に相当すると思われる。もう一頭は、一九八六年一二月に奥尻島西部の海岸にて発見されたメス幼獣とのことだが、これは「広報おくしり」には掲載されなかった個体のようである。また、ハクビシンは、奥尻島中央部のブナ林から山麓地帯および人家付近に広く分布していると報告されている（吉行 1992）。

二〇二一年一一月北海道博物館が行った奥尻島調査では、林道沿いの雪上に残されたハクビシンの足跡が撮影されている（尾曲ほか 2022）。ハクビシンのものである可能性がある溜め糞も発見されているので（または、奥尻島の外来種タヌキのものである可能性もある）、糞DNA分析による種判定や糞内容物分析による食性の季節的変化の解明により、奥尻島でのハクビシンの生態がより詳細に明らかにされるであろう。とくに、ハクビシンが寒冷地の冬季をどのように過ごしているかを知ることは、ハクビシンの分布拡散を防ぐ対策にも重要な情報になるであろう。

このように、少なくとも一九八〇年代より、奥尻島にはハクビシンが繁殖定着しているものと考えられる。しかし、島への侵入経路や侵入方法などについては情報がなく、いまだ謎のままである。

北海道本島のハクビシン情報

北海道ブルーリスト二〇一〇北海道外来種データベース（北海道 2010）によると、北海道本島におけるハクビシンの生息情報として、一九八六年に網走で二頭が捕獲されたと記載されている。その情報源である網走歴史の会のホームページを確認したところ、「一九八六年四月一九日 二見ヶ岡の山林内でハクビシン二頭捕獲される、道内では二例目」とある。二見ヶ岡とは、能取湖と網走湖にはさまれた地域である。網走の情報が「道内の二例目」ということは、一例目は奥尻島での捕獲を指しているのであろう。網走での捕獲の経緯や捕獲個体のその後については不明である。この網走の情報以外では、北海道本島でのハクビシン分布情報を確認することができなかった。

さて、北海道本島でハクビシンは定着できるのか？ 冬季の寒冷な気候や積雪、そのなかでの餌資源が、ハクビシンの生存にどれくらい影響するのか？ これらの疑問についての解答は今のところ見当たらない。前述したように、奥尻島で一年を通したハクビシンの糞分析ができれば、その食性の季節的変化が把握できるであろう。

一方、本州のニホンテン（*Martes melampus*）が北海道における国内外来種として北海道に定着しているが、その分布はまだ北海道南部に限られている。これは、やはり北海道中央部や東部の比較的寒冷な気候に適応できないためなのか？ または、在来種クロテン（*Martes zibellina*）との生態的競合があるのか？

元来、熱帯・亜熱帯で進化したハクビシンにおいて、その毛皮自体の機能が亜寒帯の北海道の気候に適応できない生理学的な限界を示している可能性もある。ハクビシンの実現ニッチ（実際にその種が占めているニッチ）は熱帯・亜熱帯であり、基本ニッチ（その種によって占められる可能性のあるニッチ）は東北地方や奥尻島の気候には対応できるが、北海道本島の気候やそれに関連する植生には適応できないのかもしれない。積雪量も関与するのではないか？　積雪地域では雪を避けるために住宅地周辺での生息、住宅内への侵入、ゴミなど廃棄物の利用など、ハクビシンを取り巻く環境要因が分布拡大に影響していることが考えられる。アジア大陸においても、ハクビシンの分布は中国東部までであり、朝鮮半島にはおよんでいない。やはり、寒冷気候への適応に限界があるのではないか？

九州のハクビシン

第2章で紹介したように、江戸時代の古文書の図譜にもとづくと、長崎出島にオランダ商船が持ち込んだ動物に関する図譜のなかには、東南アジア産のハクビシンの姿を描いた動物が見られる。オランダ商船を所有するオランダ東インド会社は、台湾にも基地をもっていたので、台湾からもハクビシンを持ち込むことはできたと推測するが、台湾産のハクビシンを思わせる、いわゆる「白鼻心」の毛色をもつ江戸時代の図譜は見当たらない。また、長崎あたりから九州広域へとハクビシンが分布拡大する可能性もあったかと思うが、現時点で長崎からの分布記録はなく、現在の九州におけるハクビシン生息情報自体がきわめて少ないのである。

そこで、私は、九州の哺乳類や外来種にくわしい筑紫女学園大学・佐々木浩教授にお尋ねしたところ、以下のようなご回答をいただいた。

まず、福岡県において、一九九七年二月に、佐賀との県境（現在、五ヶ山ダムのなかで水没している地域）の国道から少し脇道に入った林道上で幼獣の死体が発見された。ロードキルかどうかはわからない。また、体の一部がカラスなどに食されていたので、性別不明。佐々木教授撮影の写真を見せていただき、私もこの個体をハクビシンであると確認した。

大分県臼杵市周辺で二〇〇〇年ごろに若齢個体の写真が撮影されたことがあるが、資料が残っていない。

熊本県上益城郡で、一九九二年七月九日二三時ごろ、森林総合研究所の職員が、舗装道路を横切るハクビシン一個体を目撃した。

佐々木教授からは、ほかにもいくつかの情報があるが、詳細が不明とのことであった。

いずれにしても、九州において一九九〇年から二〇〇〇年にかけてわずかな記録がある一方で、最近の分布情報は見当たらない。この現状は、九州にはハクビシンが分布していない、または、分布していてもその個体数や地域はきわめて限られているということを示している。その理由はなんであろうか？

ハクビシンが本州や四国に生息していることを考えると、九州の自然環境や農地環境がハクビシンの分布拡大を妨げているとは考えにくい。生息環境との関連よりも、九州への侵入の機会やその個体数が少ないことが大きいように思われる。ハクビシンが全県に分布する四国地方と九州地方との間にある豊予海峡などの海が、ハクビシン侵入に対する地理的障壁となっているのであろう。また、福岡県北九州市と山口県下関市の間には、交通量が比較的激しい関門海峡があるが、下関をはじめ山口県にはハクビシンの分布が確認されていないため、下関から北九州への侵入がないのではないかと推測される。

九州と台湾の間に位置する南西諸島では、これまでのところ、ハクビシンの生息は確認されていない。

第5章　ハクビシンと人間社会

1　ヒトのグローバル化がもたらす外来種

ヒトの移動と外来種

第3章および第4章で紹介したように、日本のハクビシンは、少なくとも台湾から持ち込まれた外来種と考えられる。また、外来種の定義は、第2章で述べたように、人間活動により新天地に持ち込まれ、繁殖して定着している生物のことである。外来種となった経緯には、偶然の場合も故意の場合もある。

脊椎動物、無脊椎動物、植物、微生物を含めれば、現時点で、世界には膨大な種数の外来種が存在する。考え方によっては、家畜・ペット・ヒトの体内・体表に寄生する寄生生物も外来種になりうるだろう。

外来種を生み出すおもな要因はヒトの移動である。その移動に、生物が付随することにより外来種が生まれる。ヒトが意図せず生物が付随することもある。また、ヒトが積極的に生物を運搬し、故意に放して野生化することもある。しかし、生物のほうから望んでヒトに帯同することはない。

ホモ・サピエンスの歴史を考えると、アフリカで進化したのち、アフリカを出て、ユーラシア、北米・南米、オーストラリア、南太平洋の島々へと拡散した。その移動速度は、現代の交通機関と比べれば、ゆったりしたものであった。

哺乳類の外来種として長い歴史をもつ種は、元来、中央アジアなどに分布する野生種であったハツカネズミ（*Mus musculus*）、ドブネズミ（*Rattus norvegicus*）、クマネズミ（*Rattus rattus*）であろう。これらのネズミの仲間は体が小さいため、ヒトの住居やその周辺を住みかとし、おもに穀物などの農作物を食べて生活することができる。これらネズミ類の分布域拡大は、ヒトの地球規模の拡散の歴史とともにある。

また、野生動物から家畜化されたイヌ、ネコ、ブタ、ウシ、ウマ、ヤギなども移動とともに野生化し、外来種となっている地域がある。

植物は、その種子がヒトの移動とともに運搬されやすく、外来種となるものが多い。さらに、農作物としての栽培種や園芸種が、農耕地などのヒトの生活圏から野外に分布拡散して外来種になることもある。

国内でも、本来生息していなかった生物が島などに持ち込まれ、繁殖している場合は「国内外来種」と呼ばれる。たとえば、本州の在来種であるニホンイタチ（*Mustela itatsi*）は、ネズミ駆除のために、本来分布地ではない離島や北海道に放獣され定着している。また、ニホンテンは毛皮目的のために北海道で養殖されたが、飼養できなくなった個体が野外に放されたため、北海道南部に生息するようになった。

ハクビシンの場合、その体サイズがイエネコより一回り大きいので人目につきやすいが、日本に渡来後、国内においてトラック、列車、船などの貨物に紛れ込むこともあっただろう。前述した北海道奥尻島のハクビシンの侵入経緯は船舶かもしれない。また、ペットとして持ち込まれた可能性も否定できない。

2　なぜ外来種が分布を拡大するのか

外来種が分布拡大する理由

人間活動により新天地に到達した生物のすべてが外来種として定着するわけではない。新天地で途絶えてしまう生物もいる。では、外来種になりうる条件とはなんだろうか？

一般的にその条件として、

・原産地での生息域が広く、個体数が多い。

・繁殖力が高い。

・在来種よりも体型が大型である。

・食性の幅が広い。
・気候などの環境に対する適応力が高い。
などがあげられる（池田ほか 2001）。これまで述べてきたことと，後述するように，上記の条件はハクビシンにほぼあてはまる。

台湾からやって来たハクビシンは，とくに本州や四国で分布を拡大しているが，なぜそれができたのだろうか？

ひとつは，在来種との競合に打ち勝ち，優位に立つことができた可能性がある。その競合には，まず餌資源の競合がある。雑食性のハクビシンにとって，餌資源をめぐって競合相手になる動物は，体サイズが似ている在来種タヌキ，キツネ，ニホンテン，ニホンイタチがあげられる。さらに，外来種ではアライグマ，シベリアイタチである。平面的な分布だけを考えた場合，ハクビシンの周囲にはこれらの多くの食肉類が競合種になる可能性がある。しかし，ハクビシンは樹上生活に適しているため，ある程度，生息空間と採餌場所をすみわけることもできるだろう。

ハクビシンが分布拡大できた二つめの理由は，人間活動により在来種がいなくなった地域に生態的ニッチを得て，分布拡大を果たした可能性である。ハクビシンは，住宅地や農地周辺で比較的高密度に分布していることを考えると，人間活動によって従来の自然環境が悪化し，在来種が不在となった場所にニッチを得て入り込んでいる可能性がある。

個体数の分散と増殖の面から考えると，理論的には次の二つのパターンが考えられる。

まずひとつは，ある地域で個体数が増加し環境収容力（その環境に生息できる最大の個体数）に到達したとき、その周辺にあふれた個体が拡散していく。環境収容力に到達するまでに時間がかかるので、分布拡散の速度は遅いと考えられる。

もうひとつは、個体数の増加が環境収容力に到達する前に、少数の個体が各地へ分布拡散するというものである。このパターンでは、分布拡散の速度は速いが、各地で個体数が顕著に増えるのは遅いと考えられる。

つまり、前者では先に個体数を増加させた後に分散するのに対し、後者では先に分散したのちに増殖するというものである。

食肉類は一般に行動能力が大きいので、後者のパターンを示すのかもしれない。しかし、実際のハクビシン集団を考えた場合、生息域が個々に分画されているわけではないので、以上の二つのパターンの両方が、時と場合に応じて起きているものと推測され、どちらが該当するかひとことではいいきれない。

後述するように、ハクビシンは都市動物化しつつあり、市街地（都市部）では適応度が上がっている可能性が高い。また、冬眠しないと思われるハクビシンは、東北地方などの寒冷地では、冬季を生活しやすい市街地で過ごし、一部は春から秋にかけて郊外や農村部・山間部へ移動しながら、分布拡大を果たしていることも考えられる。

ハクビシンは寒冷気候に適応できるのか

別の外来種であるアライグマやアメリカミンクの原産地は北米の寒冷地であるため、本州の東北地方や北海道の環境には適応しやすいであろうし、実際にそれらの地で分布を拡大している。一方、ハクビシンの元来の分布地域は台湾やそれ以南の東南アジアが中心であるため、本州の寒冷で積雪のある東北地方では生息が困難であると予想されるが、第4章で紹介したように、実際には東北地方の全県にすでに分布拡大している。この現状は、ハクビシンが東北地方の平地での冬季の寒冷な気候に耐えられることを示している。

生態的地位（ニッチ）には、前述したように、実現ニッチと基本ニッチがある。ハクビシンの場合、本来の生息域である台湾や東南アジアの熱帯・亜熱帯気候に実現ニッチがある一方、日本で外来種になることにより、少なくとも東北地方の寒冷地にも生息できる基本ニッチが具現化されたといえるかもしれない。

第4章で述べたように、さらに北方に位置する北海道の奥尻島においても、ハクビシンが定着している。これは、まさにハクビシンの基本ニッチの広さを示しているが、北海道本島においては、ハクビシンの分布拡大は報告されていない。植生や冬季の餌資源の問題も影響しているのであろう。北海道本島に分布しないことは、寒冷地に対するハクビシンの基本ニッチの限界を示すのか？　または、北海道への侵入が水際で防がれているのか？　今後の課題である。

一方、第4章で述べたように、本州・四国より南方にある九州においても、現在までのところハクビシンの分布拡大が見られない。これは、広い基本ニッチをもつハクビシンが、九州の環境に適応できない要因があるのか？　たとえば、九州で分布を拡大している外来種シベリアイタチとの激しい競合があるためなのか？　または、生態学的要因ではなく、九州への侵入が水際で防がれているのか？　この点についてもいまだ不明である。

大型齧歯類の外来種ヌートリアは、本州西部や中部地方で分布を拡大している。一方、九州や四国の本島では分布拡大が見られない（坂田 2011）。日本哺乳類学会大会において、ヌートリアの専門家に尋ねたところ、その理由としては、たんに侵入機会がないだけであろうとのことであった。

日本の外来種が分布拡大していない地域を明らかにし、その要因を検討することが、分布拡大を防ぐ方法につながるかもしれない。

3 外来種が引き起こす人間社会と生態系への問題

食肉類は、生態系において、食物連鎖の栄養段階の上位に位置する。そのため、外来種が食肉類である場合、在来生態系へもたらされる影響は大きくなる。ハクビシンも例外ではない。

一般的に、外来種がもたらすおもな問題として、農作物への被害、人獣共通感染症の媒介、住居への侵入、在来生態系の攪乱があげられる（池田 2011）。これらの問題について、ハクビシンの現状を見ていこう。

農作物への被害

人間社会への問題として、まず農村部における農作物への被害があげられる。これまで述べてきたように、ハクビシンは、二〇〇二年以前では関東・中部・四国地方の局所的な地域でのみ確認されていたが、その個体数の増加と分布拡大が急激に進行している。現在では、青森県を北限として本州および四国のほぼ全域で生息が確認されている（環境省 2018）。それにともない、果樹や野菜など農作物に被害がもたらされており、その農作物被害額は、二〇二一年度には三億一〇〇〇万円にのぼっている。この被害額は、哺乳類のなかではシカ、イノシシ、サル、クマ、アライグマに続き六番目に高く、外来種のなかではアライグマに続き二番目に高い（農林水産省 2021）。

複数の動物が、同じ農作物を食べることがあるが、以下に述べるように、動物種によって食べ方に特徴が見られる（古谷 2009, 2011）。

夏のスイカ畑は、ハクビシンの被害をよく受ける。夜間に、ハクビシンは大きく実ったスイカの皮をこじ開け、そこに頭を突っ込んで中身を食べていく。そのため、翌朝には、スイカ畑に食べ散らかされたスイカの残骸が散らばっていることになる。一方、やはりスイカを好む外来種のアライグマは、スイカに穴を開け、そこに二本の前脚を突っ込み、スイカの中身を食べるため、一カ所に穴の空いたスイカが並ぶことになる。このように、残されたスイカの残骸の状態を見れば、被害をもたらした犯人がわかるのである。

また、トウモロコシ畑では、ハクビシンは茎を斜めに倒してトウモロコシの実を食べるのに対し、アライグマは、茎を真横に倒してトウモロコシの実を食べる。

ナシ園では、ハクビシンは木に登り、木になっているナシの実を下側からかじるが、アライグマは横からかじる。

ブドウ園では、木登りが得意なハクビシンは、後脚でブドウ棚にぶら下がり、袋で覆ってあるブドウでも袋を破ってじょうずに食べることができる（古谷 2011）。

三密状態（密集、密接、密閉）の人間社会を養うために、農作物自体も三密状態で栽培されている。そこに侵入すれば、効率的に食物を得ることができることを野生動物は学習しているのである。このような学習を防ぐためには、果樹や野菜を栽培している農地に侵入できないような柵（電気柵を含む）を設置することが不可欠である。また、ビニルハウスについても、侵入経路をつくらないような工夫が必要である。

人獣共通感染症を媒介する問題

野生動物には、さまざまな生物が寄生する。寄生体には外部・内部寄生虫のみでなく、細菌やウイルスも含まれる。もちろん、ハクビシンからも種々の寄生性生物やウイルスが報告されている。そのなかでも、人獣共通感染症を引き起こす病原体が発見された宿主動物は、その感染症の媒介者として駆除の対象となる。

ハクビシンと人獣共通感染症の関係が問題となったのは、第2章で述べたように、SARS（重症急性呼吸器症候群）がパンデミックを起こしたときである。二〇〇二年に中国で最初の感染者が報告され、九カ月ほどで多くの国と地域に感染が拡大した。その際、中国の動物市場のハクビシンとタヌキからSARSウイルスが検出された。その後、感染源はキクガシラコウモリであることが明らかとなり、ハクビシンやタヌキは中間宿主であったと報告されている。

進化の過程でさまざまなウイルスは野生動物を宿主にしてきたが、通常、野生動物は個体間の距離を保って生活しているため、パンデミックは起こりにくい。しかし、ヒトが野生動物や家畜を三密状態で飼養している場合、そこにヒトに感染する病原体が入り込むとまず動物集団内で感染症が蔓延し、突然変異を起こしながら、三密状態にある都市の人間社会に人獣共通感染症のパンデミックを引き起こすことになる。

住居侵入の問題

ハクビシンが、効率的に食物をとることができる農地の近くで、雨露をしのぐことができるねぐらをもちたいと考えるのは当然であろう。農地は人間の生活圏内にあるので、ハクビシンは、その周辺で本来のねぐらである古木の樹洞や巣穴を掘るための山の斜面を見つけることはむずかしい。よって、人家は、ハクビシンにとってもてっとりばやく利用でき、住みやすい環境であるにちがいない。そのため、ヒトの生活圏内で増加したハクビシンによる住居侵入が社会問題となっている。

前述したように、ハクビシンは木登りが得意で、樹洞のような暗く狭い場所をねぐらとして好む。よって、容易に人家の壁を登り、屋根の隙間から天井裏に侵入し、格好の住みかとしている。第1章で述べたように、ハクビシンの繁殖時期は決まっていないので、一年を通して天井裏を巣にすることもあるだろう。また、ハクビシンは溜め糞をするので、天井裏に糞尿が蓄積されることが多い。そのため、糞尿による住居の汚染が拡大し、悪臭や天井落下などの問題が起きている。さらに、動物が天井裏を走る騒音や感染症の危険性なども問題となる。それらの問題を防ぐには、ハクビシンが侵入できそうな家屋の壁の隙間をなくすことが唯一の対策となるが、建築と動物の専門家の知識が必要になる。緑地に囲まれひと気のない神社仏閣も、ハクビシンの住みかになりやすい。貴重な建物が糞尿で汚される可能性がある。最近のホームページには、ハクビシンなどの住居侵入動物対策を各地で請け負うペストコントロール業者の広告が数多く掲載されている。

一方、多くの空家が放置され廃屋となっていることが別の社会問題となっている。風雨にさらされ徐々に朽ちていく木造の廃屋は、ハクビシンやその他の動物にとって安住の地を増やすことにもつながっていると思われる。

住居侵入が増えた要因はなんだろうか？　まずいえることは、前述したようにハクビシンの個体数が増えたことである。また、近年では、住宅地周辺で野良イヌや野良ネコ、そして、放し飼いのイヌやネコをほとんど見かけなくなった。私が子どものころ（五〇年以上前のことであるが）、そのようなイヌにかまれたことはないが、何度も追いかけられた苦い思い出がある。イヌやネコに追われる危険性がなくなったハクビシンにとって、比較的容易に住居に近づくことができることも、住居侵入問題が拡大している要因ではないかと思う。ハクビシンにとって恵まれた生活環境の拡大が、さらに個体数増加と農作物被害をもたらすという、ヒトにとっての悪循環が起こっているものと考えられる。なお、原産地の東南アジアや台湾において、人家への侵入があるかどうかについての報告は見あたらない。

ロードキル問題

ここでいうロードキルとは、道路上で交通事故によって動物が死亡することである。ここまで述べてきたように、ヒトの生活圏においてハクビシンの個体数の増加は、農作物への被害や住居侵入の増加をもたらしている。実際、ハクビシンのロードキルは増加しており、その個体数増加を反映しているものと推測される。

ロードキルが人間活動にもたらす影響を考えてみよう。ハクビシンが自動車と衝突した場合、双方の大きさや重量から考えて、ハクビシンが負傷するか死亡するかであり、その場で死亡した際にロードキルとなる。自動車が遅い速度で走行していた場合は、動物も危険を察知して逃避できるであろう。しかし、動物が逃避できず、ロードキルとなる場合には、自動車はある程度の速い速度で走行し、動物側もそれを逃避できなかったものと思われる。状況にもよるが、運転者は道路を横切る動物を避けるため、急ブレーキを踏んだり、道路から外れて、運転者や乗員が死傷したり車体が損傷することもある。さらに、後続車や対向車との衝突の危険性も考えられる。そのため、ロードキルは、動物との事故のみではなく、ヒトどうしの事故を招く社会問題である。

ハクビシンのロードキルに着目した調査研究の成果が報告されている。外来種四種（ネコ、イヌ、アライグマ、ハクビシン）を含む哺乳類九種について、日本全国の市町村からロードキルのアンケート調査を行い、道路種別、環境、地域の傾向が調べられた。その結果、ハクビシンのロードキルが、市町村道に比べて都道府県道や国道で起きやすく、森林と都市の中間的な環境（森林率四〇パーセント程度）で頻度が高く、関東・中部地方に多いが、中国地方に少ない傾向が報告された（Tatewaki and Koike 2018；立脇 2023）。

また、ハクビシンとアライグマのロードキル状況について、両者が分布している地域では、同様のパターンが認められている。ロードキル情報は、外来種を含む動物の分布や生息密度の継時的な指標になるのではないかと考えられている（立脇 2023）。

在来生態系の攪乱

次に、外来種が在来生態系におよぼす影響を考えてみよう。在来生態系といっても、ある外来種が入ってくる前に、競合種でなくても別の外来種がすでに生息していることもあるため、ここでいう在来生態系とは、ハクビシンが侵入する以前の在来種のみが生息する生態系のことである。

生態系への影響としてまず考えられることは、外来種が肉食性の場合、在来種を捕食することである。ハクビシンは雑食性であるが、在来のネズミ類、鳥類、昆虫類やほかの小型無脊椎動物を捕食する。よって、在来の動物相に影響を与える可能性がある。

また、ハクビシンは植物の果実を食べるが、第1章で述べたように、この行動によって種子散布が行われ、植物の分布拡散が進むことにもなる。草食獣のように植物体を食したり、かじったりすることはないので、植物種を絶滅させたり、植物相を大きく変動させるようなことはないであろう。

一方、外来種は、体サイズが類似し食性や生活空間が重なる他種の分布域に侵入すると、ニッチを競合する。ハクビシンと他種との競合については次節で述べる。

最後に、在来種の遺伝子プールの攪乱がある。在来種のなかに、外来種との近縁種がいる場合、雑種化が起こる可能性がある。集団遺伝学的に見れば、在来種集団の遺伝的構成が変化する。第1章で述べたように、ハクビシンは日本に分布する唯一のジャコウネコ科動物であるため、日本の生態系に交雑する在来種は存在しない。よって、日本の在来種の遺伝子プールは直接には汚染されないように思われるかもしれない。しかし、ハクビシンとの食性や生活空間の競合により、在来種が従来の生息場所を移動させられたり、在来種の集団サイズが変化するようなことがあれば、在来種の遺伝子プールの構造に変化がもたらされることとなる。

以上のように、外来種の侵入は、安定していた在来生態系を短期間で撹乱し、生物多様性（遺伝子、種、生態系の多様性）に大きく影響をおよぼす。

4 ハクビシンとほかの外来種との関係

ハクビシンとほかの外来種との関係について考えてみる。

ハクビシンが、人家の天井裏をしばしば利用することは述べた。その他にも人家を利用する食肉類がいる。それは、体サイズが近い在来種のタヌキだ。しかし、木登りが得意でないタヌキは天井裏には上がらず、床下を好んで利用する。よって、両種が同所的に分布する市街地では、利用する人家のなかでもすみわけすることができる（古谷 2009）。

一方、別の外来種であるアライグマは人家の天井裏も床下もねぐらとして利用する。アライグマは、ハクビシンやタヌキよりも多少大型で気が荒いため、三種が同所的に分布する地域ではアライグマが人家の空間を独り占めにする。よって、ハクビシンとタヌキはうまい具合にたがいにすみわけしていた空間から追い出されることになる（古谷 2009）。

上記三種の食肉類が同所的に生息する千葉県いすみ市において、胃の内容物分析にもとづいて三種間の食性が比較検討された（Matsuo and Ochiai 2009）。その結果、三種の食性は高い割合でオーバーラップしていた。さらに、その重なりの割合は、ハクビシンとタヌキの間でもっとも高かった。また、三種間の食性の重なりの度合いは、春から夏にかけて高くなった（Matsuo and Ochiai 2009）。以上の結果は、外来種のハクビシン、アライグマ、そして在来種タヌキの間で、食性やねぐらなどのニッチがかなり重なっていることを示している。

また、関西地方から中部地方へ分布を拡大している外来種シベリアイタチ（佐々木 2011, 2018）も、ニッチがハクビシンと重なっていると考えられる。シベリアイタチの住居侵入も報告されている（佐々木 2018）。この外来種の原産地は、ミトコンドリアＤＮＡの分子系統解析により韓国であると報告されている（Masuda *et al.* 2012）。西日本では、これらの食肉類が同所的に分布するため、その競合関係に関する調査研究が待たれる。

また、北海道に加え、本州でも分布拡大している外来種アメリカミンクもハクビシンと競合する可能性があるが、今のところ、両者の関係は不明だ。一方、野外でのイヌとネコの存在は、前述したように、住宅地でハクビシンの脅威となるが、現在では出会う機会が少ないものと考えられる。

5　ハクビシンの都市動物化

都市動物とは

人間によってつくられた都市環境に適応し、そこを住みかとしている野生動物が見られるようになった。そのような動物は都市動物と呼ばれる。

食肉類では、たとえば、ロンドンでのアカギツネ（*Vulpes vulpes*）、日本では札幌のキタキツネが知られており、これらはアーバンフォックスと呼ばれることもある。東京では、タヌキやアナグマが市街地に生息するようになった。

都市動物化の程度や出現時期は動物種によって異なっているが、在来種が都市環境に徐々に適応してきたケースが多い。

札幌のアーバンフォックスでは、札幌市郊外と市街地との間で往来が見られ、郊外の山林や原野が動物の供給源となっている。これまでの集団遺伝学的分析により、札幌周辺のキタキツネが南・北・西の三つのグループで構成されていることが明らかになった。その三つのグループを分ける地理的障壁として、札幌市街を流れる豊平川とＪＲの線路とそれに沿った道路・建物が考えられている。さらに、三グループ間の遺伝的分化は統計的に有意であるが、その地理的隔離は緩やかで、グループ間の往来も考えられた（Kato *et al.* 2017）。

一方、日本のハクビシンは、山間部や農村部に生息するが、最近では都市環境に入り込み、市街地の人間生活にさまざまな被害をもたらしている。しかし、ハクビシンの市街地における集団構造の研究はまだ行われていない。札幌のアーバンフォックスのように、市街地と郊外の間での往来や、市街地内での集団構造の状況や繁殖生態を把握する必要がある。

都市と都市以外の行動圏のちがい

都市部に見られるハクビシンと、都市部以外のハクビシンとの間で生態的特徴のちがいは見られるだろうか？　これまでに、体のサイズについて比較されたが、有意な差は見出されていない（Toyoda *et al.* 2012）。

第1章で述べたように、一般的に、食肉類では都市部に生息するほど行動圏が狭くなる傾向がある（Šálek *et al.* 2015）。山形県の農村部におけるハクビシンの行動圏調査からも、同様の傾向が報告されている（鳥谷部・斎藤 2020）。

さらに、岩手県盛岡市では、市街地で捕獲されたハクビシンについて、GPS首輪を用いた追跡調査が行われ、得られた行動圏の面積が既報の山間部、農村部の行動圏と比較検討された。その結果、盛岡市街地のハクビシンの行動圏は、山間部に生息する個体の行動圏より狭い傾向があり、山間部の個体よりも狭い農村部の個体の行動圏と同程度であった（福島ほか 2023）。一方、アライグマの行動圏はヒトの生活圏では狭くなる傾向があり、その理由として餌資源やねぐらが市街地の狭い範囲で得やすいことが指摘されている（池田ほか 2001）。中型の食肉類であるハクビシンでも同様の理由が該当するのではないかと考えられている（福島ほか 2023）。

岩手県における二〇〇二年度分布調査ではハクビシンが確認されなかったが、二〇一七年度には広範囲で生息が確認されている。よって、ハクビシンの短期間の分布拡散は、山間部や農村部に加え、都市部での分布が大きく影響しているものと推定される。

ハクビシンが都市動物化した要因

次に、ハクビシンが都市動物化した要因を考えてみよう。

前項で述べたように、都市部では、山間部よりも餌資源の得やすさがあるだろう。ヒトの生活圏では、残飯を利用できる。積雪があり寒さが厳しい地域では、その傾向がより強いのではないかと推察される。また、夏から秋にかけて、人家の庭先や人家に囲まれた小さな緑地に植えてあるさまざまな果樹に実る果物もハクビシンを誘引する。盛岡市では、ブドウ、キウイフルーツ、またイチョウの実である（福島ほか 2023）。東京では、ビワ、カキ、柑橘類が被害を受けている（岩間・金子 2019）。このようにして見ると、一年を通して、都市部には餌資源が存在する。

また、都市部では、当然のことながら、人家が密集している。ハクビシンにとっても人家は、格好のねぐらとなる。とくに、壁を登ることが得意なハクビシンは、小さな隙間や排気口などを通じて天井裏（屋根裏）に入り込む。廃屋であれば、さらに侵入しやすい。天井裏の薄暗い環境はハクビシンの好む空間である。さらに、人家の壁には断熱材が使用されていることが多く、比較的温かく過ごしやすい環境である。よって、人家の部屋ではヒト、天井裏ではハクビシンがすみわけをしていることになる。積雪地域において、ハクビシンは寒い冬をどのように過ごしているかはいまだ明らかになっていないが、人家を利用することは有効な方法であろう。

さらに、前述したように、近年の人家のまわりには、野良イヌや野良ネコ、放し飼いのイヌやネコが見られなくなった。ハクビシンを追跡するこれらの天敵がいないことも、ハクビシンを都市環境で生活しやすくしているにちがいない。また、住宅地といえども、夜間は人通りも少なくなる。夜行性のハクビシンにとって、人家とその周辺は、食事つきのホテルのようなものである。いいかえれば、ヒトが意図せず、ハクビシンに、より適した都市環境のニッチを提供してしまったのかもしれない。

タヌキやキツネのような日本在来種は、元来の生息地である山間部・里山から、農村部、都市部へ徐々にゆっくりと進出したと考えられる。一方、ハクビシンのような外来種は、新天地へやって来た当初から住宅地またはその近くに移動させられてきたので、その環境への適応に要する時間も比較的短いものであったかもしれない。

このような条件が重なることにより、ハクビシンの都市動物化が進んでいるものと思われる。しかし、盛岡市では、商業地域の中心部は忌避される傾向にある。その理由として、建築物が物理的な地理的障壁になっているのか、または、電灯の照明を避けているのか、が考えられるが、実際のところ不明である（福島ほか 2023）。

終章　ハクビシンはどこへ行くのか

本書では第1章から第5章において、ハクビシンの不思議について、さまざまな側面から検討してきた。その回答を次にまとめてみよう。

生態系のなかのハクビシン

第1章で見たように、ハクビシンは森林性の哺乳類で、樹上生活に適応している。また、食肉目ジャコウネコ科に分類されるが、実際の食性は多様な食物資源を利用する雑食性である。昆虫や両生・爬虫類、鳥類、小型哺乳類に加え、果実を好んで食べる。植物の花の蜜を吸うこともある。そのため、丸呑みされた植物の種子は、消化管のなかで消化物とともに遠方に運ばれた後、糞とともに排泄され、そこで種子は発芽して生育する。つまり、ハクビシンは種子散布者の一員である。さらに、蜜を吸うため花に訪れたハクビシンは、花粉の送粉者にもなる。このように、ハクビシンは、植物の繁殖やその分布の拡大を助けており、森を育てるために、その生態系のなかで重要な役割を担っている。

外来種としてのハクビシン

第2章から第4章では、遺伝子分析により、日本のハクビシンが台湾由来の外来種であることが明らかになったことを紹介した。日本の哺乳類学界において長年の間、在来種説と外来種説が議論されてきたが、分子系統学的に見ると外来種説を支持する結果となった。台湾のハクビシンで高い遺伝的多様性が見られるのに対し、日本のハクビシンの多様性は低いという外来種特有の創始者効果も見出された。

一方、日本へ移入された詳細な時期は、遺伝子分析だけでは明らかにならない。文献や目撃情報をたどると、太平洋戦争前後のことのように考えられた。一方、江戸時代の古文書にもハクビシンを示すような記述や絵図があるため、そのころから徐々に日本列島に分布を広げたのかもしれない。日本への定着と分布拡散のタイミングの解明は、今後の課題として残されている。

さて、第5章で見たように、日本でのハクビシンは、現在、農作物への被害をもたらしていることも事実である。被害を防除するために、農業従事者と行政が各地で被害防除の対策を進めている。本州と四国で広く分布拡大したハクビシンを完全に駆逐することはきわめてむずかしいことであると思われる。これはハクビシンに限ったことではなく、現在並行して問題を起こしているアライグマやシベリアイタチを含むほぼすべての動植物の外来種についていえることであろう。

局地的にでも有効な対策を立てるには、第1章で述べたようなハクビシンの生きざまをよく知ることが必要である。また、第4章で見たように、現在、九州・沖縄地方には分布情報がほとんどないことに注目すべきである。ハクビシンが適応できる気候条件を考えれば、九州・沖縄地方は最適な生息環境であると推測される。しかし、この地域にハクビシンがほとんど分布していないことは、おそらく、九州・沖縄地方への侵入が水際で抑えられているものと思われる。当然のことではあるが、物理的に侵入を妨ぐ対策がもっとも重要なことである。

また、北海道本島にもほとんど分布情報がないことも、侵入が妨げられていることを反映しているものと考えられる。一方、奥尻島では一部の地域で継続的な生息が知られ、繁殖している可能性が高い。今後、奥尻島でのハクビシンの年間を通した食性を調査することがぜひとも必要である。そこから得られる食性変遷のデータは、寒冷地におけるハクビシン対策のヒントになるかもしれない。私の憶測ではあるが、積雪地帯の冬季には、ハクビシンは森林には入り込まず、ヒトの生活環境近くで住居の一部や残飯を利用して生活しているのではないだろうか。そして、春から秋の積雪のない時期には、森林で生活し、分布域を広げている可能性がある。もし、そうであるならば、ハクビシンが住宅地に集中する冬季に駆除対策をすることが有効ではないだろうか。

都市動物としてのハクビシン

最近では、さまざまな野生動物が都市部に住み着く都市動物化が起きている。第4章や第5章で見てきたように、全国的に、ハクビシンは市街地に出没する都市動物となった。そのため、市街地やその周辺でロードキルが増えており、ロードキルを避けようとした車両による人身事故にも結びつく可能性がある。また、家屋（とくに天井裏）へ侵入し、溜め糞と尿による被害をもたらしている。ひと気の少ない寺社への侵入や建物へ爪痕をつける被害も増えている。さらに、人獣共通感染症を引き起こす病原体をもたらす可能性も高くなる（これはどんな動物にも該当することである）。人間生活空間に野生動物が出没すれば、ヒトとの間でさまざまな摩擦が起きる。

札幌の市街地に出没する都市ギツネ（アーバンフォックス）にとっては、札幌の中心部を流れる豊平川やJRの線路がキツネの移動を妨げていることは前述した（Kato *et al.* 2017）。年々、都心部に出没するキツネが多くなっていることも事実である。また、岩手県盛岡市街地での調査では、ハクビシンが商業地域を避けて移動しているとの報告もあった（福島ほか 2023）。このような都市動物集団に関する研究データの集積が、市街地における野生動物への対応に重要な情報をもたらしてくれるであろう。

ハクビシンはどこへ行くのか

今後、ハクビシンはどこへ向かうのか？

これまでの状況では、ハクビシンは現在の日本の生態系で広くニッチを獲得してしまったとも考えられる。日本列島のなかで、東北地方や奥尻島まで北上したハクビシンは、さらに北に向かうことになるのか？

世界的な環境問題となっている地球温暖化の影響が日本列島の気候変動にもおよんでおり、南方系の動物であるハクビシンが基本ニッチを発揮することに追い打ちをかけているかもしれない。もしそうであれば、ハクビシンが日本列島での北上や高山帯を目指しやすい条件がそろうことが予想される。

また、すでに分布拡大している関東地方、中部地方、四国地方でも、ハクビシンがより適応できる環境条件が増えるかもしれない。繰り返しになるが、ヒトがその適応に先回りしてハクビシンを完璧に駆逐することはおそらくむずかしいであろう。被害を抑えるためには、局地的な防除対策を行うことが現実的かもしれない。ハクビシンとの共存をある程度認めながら、社会-生態系システムを維持していくことになろう。本来の森林生態系におけるハクビシンの役割については第1章で述べたが、新たに日本の生態系に侵入したハクビシンも種子散布者や花粉の送粉者としての役割を果たしているかもしれない。

一方で、九州・沖縄地方そして北海道本島には、ハクビシンを侵入させないように注意を払うことが重要である。もしかすると、これらの地域にハクビシンが分布拡大できないような、なんらかの生態的要因があるのかもしれない。それも念頭に置きながら、ハクビシンの分布や移動に関する各地の調査研究を進めることが肝要である。

あとがき

ハクビシンに関する本書を執筆するにあたり、私自身の研究成果に加え、多くのさまざまな文献情報を調べる必要があった。そのなかで感じたことは、この動物一種について、いかに多くの人々がその記録や研究に携わってきたかということである。

たとえば、ハクビシンの学名だけを見てもそれがいえる。通常、その学名を *Paguma larvata*（C. E. H. Smith, 1827）と記し、これまで私は命名者とその年号以上には気にとめていなかった。しかし、今回、一八〇〇年代の英国の原記載論文までさかのぼり、学名の経緯を調べることにより、命名者の Smith 氏がいかなる人物か、どのようにしてハクビシンと出会ったのか、というところまで掘り下げることになった。その後の学名の変遷の経緯を見ていても、さまざまな人物が関わった歴史があることを再認識した。学名がつけられた生物すべてにおいて、同じようなことがいえるであろう。

さらに、江戸時代の古文書、そして日本の初期の学術的文献や各地の分布情報などを調べていくと、ハクビシンへの関心が深いこともわかってきた。ということは、本書もハクビシンに関するひとつの文献としての責任がある、と認識するようになった。私としては、できる限りの情報を収集し、客観的にまとめたつもりであるが、身が引き締まる思いである。

その他にも、進化、生態、分布、被害防除の情報など、各地からの報告を含め、多くの文献を調べることとなった。

一方で、ハクビシンについてはさまざまな見方があることもわかってきた。元来、自然分布している東南アジアや東アジアでは在来種であるが、日本では外来種である。よって、各地域によって、ハクビシンが基礎生物学の対象になったり、外来種による被害防除・保全生物学の対象としても扱われており、ハクビシンに対するヒトの感情にもさまざまなものがあることを認識した。このような状況のもと、本書では、できる限り広い視野をもつように努めながらも、これまで動物学を学んできた私の見方にもとづいて論じることにした。したがって、本書の内容に偏りがあると感じられた際には、どうかご寛恕願いたい。

ここで、本書をまとめるにあたり、これまで海外の共同研究者としてご協力いただき、写真や分布情報を提供いただいた以下の方々にお礼申し上げる（敬称略）。ボリパット・シリアロンラット（タイ・マヒドン大学）、林良恭（台湾東海大学）、張仕緯（台湾特有生物保全研究センター）、張育誠（台湾東海大学、故人）、アレクセイ・アブラモフ（ロシア科学アカデミー動物学研究所）。

文献資料および私信をいただいた以下の方々に深く感謝したい（敬称略、五十音順）。稲垣森太（奥尻町教育委員会）、大舘智志（北海道大学）、押田龍夫（帯広畜産大学）、表渓太（北海道博物館）、金子弥生（東京農工大学）、佐々木浩（筑紫女学院大学）、佐藤孝雄（慶應義塾大学）、鈴木和男（ふるさと自然公園センター）、滝川祐子（香川大学）、茶谷公一（名古屋市東山動物園）、角田裕志（埼玉県環境研究国際センター）、谷地森秀二（横倉山自然の森博物館）、柳川久（帯広畜産大学）、山中正実（知床財団）、吉田信代（農研機構畜産研究部門）。

さらに、一連の研究を通して、ここに紹介しきれない多くの試料提供者の方々にも感謝する。

また、これまで研究室で研究をともにしてきた卒業生・現在の学生さんたちにも深く感謝したい。本書のなかで研究内容を一部紹介したが、彼らとの研究がさまざまなブレイクスルーを導いてきた。

本書が、東京大学出版会編集部の光明義文氏の前向きで温かい叱咤激励により刊行できることに深くお礼申し上げる。これまで、光明さんのお世話になり執筆した著書は、『哺乳類の生物地理学』（単著）、『日本の食肉類——生態系の頂点に立つ哺乳類』（編）、『保全遺伝学』（分担執筆）の計三冊で、本書が四冊目になる。本年度で現職場からの定年退職を迎えようとするときに、本書を刊行できることに感謝したいと思う。

一方で、これまでの研究生活を振り返ったとき、まず心に浮かぶことは、私自身が学問の発展にどれほど貢献できているのか？　ということである。今まさに実感することは、「少年老いやすく学成り難し」である。そのむずかしさを感じながらも、本書により、少しでも次世代の人たちが学ぶことへの橋渡しができれば望外の喜びである。

最後に、日ごろの生活を支えてくれている家族にあらためて感謝したい。

増田隆一

引用文献

赤座久明・南部久男（1998）富山県におけるハクビシンの生息状況．富山市科学文化センター研究報告 21: 119-126.

姉崎智子・坂庭浩之・田中義朗（2010）群馬県におけるハクビシンの食性と生息状況．群馬県立自然史博物館研究報告 14: 99-102.

青木文一郎（1930）哺乳類より観たる台湾島と其周縁．地学雑誌 42: 501-509.

浅間茂（2005）フィールドガイド　ボルネオ野生動物――オランウータンの森の紳士録．講談社ブルーバックス．

足利直哉（2022）北秋田市小又川流域におけるハクビシンの追加記録．秋田自然史研究 79: 96-97.

Chen KT（2000）On Taiwan mammalian faunas in different periods of geological time and related problems: the background materials for Taiwan zooarchaeological studies (Part 2). Bulletin of the Institute of History and Philology, Academia Sinica 71(2): 367-457 (in Chinese with an English abstract).

Cheng SC and Wang Y（1993）The biological study of Formosan gem-faced civet, *Paguma larvata*. Taipei Zoo Bulletin 5: 59-69 (in Chinese with an English abstract).

Corbet GB and Hill JE（1991）A World List of Mammalian Species. 3rd ed. Oxford University Press, Oxford.

Duckworth JW, Timmins RJ, Chutipong W, Choudhury A, Mathai J, Willcox DHA, Ghimirey Y, Chan B and Ross J（2016）*Paguma larvata*. The IUCN Red List of Threatened Species 2016: e. T41692A45217601. http://dx.doi.org/10.2305/IUCN.UK.2016-1.RLTS.T41692A45217601.en（2022 年 12 月 30 日確認）

Endo Y, Lin LK, Yamazaki K, Pei KJC, Chang SW, Chen YJ, Ochiai K, Yachimori S, Anezaki T, Kaneko Y and Masuda R（2020）Introduction and expansion history of the masked palm civet, *Paguma larvata*, in Japan, revealed by mitochondrial DNA control region and cyto-

chrome *b* analysis. Mammal Study 45: 243-251.
遠藤優・小沼仁美・増田隆一（2023）島根県で捕獲されたハクビシンのミトコンドリア DNA 新規ハプロタイプ．哺乳類科学 63: 219-224.
Francis CM（2008）A Guide to the Mammals of Southeast Asia. Princeton University Press, Princeton and Oxford.
福島良樹・原科幸爾・西千秋（2023）都市部に生息するハクビシン（*Paguma larvata*）の行動圏と移動阻害要因——岩手県盛岡市の市街地を対象として．哺乳類科学 63: 29-42.
古谷益朗（2009）ハクビシン・アライグマ——おもしろ生態とかしこい防ぎ方．農山漁村文化協会，東京．
古谷益朗（2011）なぜハクビシン・アライグマは急に増えたの？　農山漁村文化協会，東京．
古谷義男（1973）高知県の大・中型哺乳類（高知県環境保全局，編：高知県の自然環境　昭和 48 年度自然環境保全調査報告），pp. 35-46.
古谷義男・森川國康（1982）四国の哺乳類．動物と自然 14(4): 4-9.
高耀亭 等編著（1987）中国動物志：哺乳綱　第 8 巻食肉目．科学出版社，北京．
岐阜県博物館（1991）特別展　ふるさとの哺乳動物．
Grassman JrLI（1998）Movements and fruit selection of two Paradoxurinae species in a dry evergreen forest in southern Thailand. Small Carni. Conserv. 19: 25-29.
Griffith E, Smith CH and Pidgeon E（1827）The third order of the Mammalia: The Carnassiers. *In*: The Animal Kingdom: Arranged in Conformity with its Organization, by the Baron Cuvier, Member of the Institute of France with Additional Descriptions of all the Species Hitherto Named, and of Many not Before Noticed（E Griffith, CH Smith and E Pidgeon, eds.）Vol. 2, GB Whittaker, London, pp. 281-282.（https://www.biodiversitylibrary.org/item/103961#page/309/mode/1up）
原田猪津夫（1967）奥三河のほ乳動物．鳳来寺山紀要 9: 18-29.
Harada M and Torii H（1993）Karyological study of the masked palm civet *Paguma larvata* in Japan（Viverridae）. J. Mamm. Soc. Japan 18: 39-42.
長谷川匡弘・石田惣・松井彰子・松本吏樹郎・長田庸平・初宿成彦・植村

修二・和田岳（2022）大阪府外来生物目録．自然史研究 4: 117-156.
平岡考・中山裕之・小林さやか（2004）我孫子市手賀沼周辺へのハクビシンの侵入．我孫子市鳥の博物館調査研究報告 12: 229-231.
北海道（2010）北海道ブルーリスト 2010 北海道外来種データベース．http://bluelist.pref.hokkaido.lg.jp（2023 年 6 月 6 日確認）
茨城動物研究会（2004）茨城県北東部地域の哺乳類（茨城県自然博物館第 3 次総合調査報告書 ── 阿武隈山地・県北部海岸を中心とした県北東部地域の自然［2000-02］），pp. 279-283．https://www.nat.museum.ibk.ed.jp/materials/research/03.html（2023 年 6 月 19 日確認）
一澤圭・西信介・山川渉（2017）鳥取県内におけるハクビシン（ネコ目ジャコウネコ科）の確認記録（2010-2016 年）．山陰自然誌研究 14: 33 35.
池田透（2011）日本の外来哺乳類 ── 現状と問題点（山田文雄・池田透・小倉剛，編：日本の外来哺乳類 ── 管理戦略と生態系保全），東京大学出版会，東京，pp. 3-26.
池田透・遠藤将史・村野紀雄（2001）野幌森林公園地域におけるアライグマの行動．酪農学園大学紀要 25: 311-319.
今泉吉典（1960）原色日本哺乳動物図鑑．保育社，大阪.
井上耕治・中村浩二（2004）石川県におけるハクビシンの生息状況と生態．金沢大学自然計測応用研究センター年報 96-97.
Inoue T, Kaneko Y, Yamazaki K, Anezaki T, Yachimori S, Ochiai K, Lin LK, Pei KJC, Chen YJ, Chang SW and Masuda R（2012）Genetic population structure of the masked palm civet *Paguma larvata*（Carnivora: Viverridae）in Japan, revealed from analysis of newly identified compound microsatellites. Conserv. Genet. 13: 1095-1107.
Ishikawa K, Abramov AV, Amaike Y, Nishita Y and Masuda R（2020）Phylogeography of the Siberian weasel（*Mustela sibirica*）, based on a mitochondrial DNA analysis. Biol. J. Linn. Soc. 129: 587-593.
磯野直秀（1992a）江戸時代に捕まったハクビシン ── ハクビシンの謎をめぐって．どうぶつと動物園 April: 8-11.
磯野直秀（1992b）ハクビシンの古図．Hiyoshi Review of Nature Science Keio University 11: 113-115.
磯野直秀（1992c）『梅園画譜』とその周辺．参考書誌研究 41: 1-19.
岩間正和・金子弥生（2019）東京都区部におけるハクビシン（*Paguma*

larvata）による被害件数の推移と被害内容．フィールドサイエンス 17: 1–8.
樺澤誠（1998）群馬県におけるハクビシンの分布状況．群馬県立自然史博物館研究報告 2: 119–122.
梶島孝雄（2016）資料　日本動物史．八坂書房，東京．
金井郁夫（1989）東京都のハクビシン進出史．東京都の自然 15: 1–10.
環境省（2018）アライグマ，ハクビシン，ヌートリアの生息分布調査の結果について．https://www.env.go.jp/press/105902.html（2023 年 6 月 11 日確認）
Kato Y, Amaike Y, Tomioka T, Oishi T, Uraguchi K and Masuda, R.（2017）Population genetic structure of the urban fox in Sapporo, northern Japan. J. Zoo. 301: 118–124.
川道美枝子・三宅慶一・加藤卓也・山本憲一・八尋由佳・川道武男（2015）京都市内でのハクビシン（*Paguma larvata*）の社寺等への出没動向．京都歴史災害研究 16: 11–15.
Kawamura A, Chang CH and Kawamura Y（2016）Middle Pleistocene to Holocene mammal faunas of the Ryukyu Islands and Taiwan: an updated review incorporating results of recent research. Quat. Int. 397: 117–135.
河村善也（2007）日本第四紀哺乳類化石研究の最近の進展．哺乳類科学 47: 107–114.
風間辰夫（1982）新潟県におけるハクビシンの生息状況について．鳥獣行政 18(1): 8–9.
岸田久吉（1925）哺乳動物図解．日本鳥学会．
小林秀司・太田日出明・奥島雄一（2017）岡山県内で初めて得られたハクビシン（ネコ目ジャコウネコ科）とその胃内容，ならびに外部寄生虫．倉敷市立自然史博物館研究報告 32: 41–48.
小林峻（2020）哺乳類も送粉者――アジアにおける非飛翔性哺乳類媒植物．哺乳類科学 60: 385–389.
Kobayashi S, Panha S, Seesamut T, Nantarat N, Likhitrakarn N, Denda T and Izawa M（2021）First record of non-flying mammalian contributors to pollination in a tropical montane forest in Asia. Ecol. Evol. 11: 17604–17608.
古賀忠道・今泉吉典・小森厚（1956）動物の図鑑．小学館，東京．

國永尚稔・一澤圭・西信介（2017）鳥取県内で初めて捕獲されたハクビシン（ネコ目ジャコウネコ科）の解剖所見．山陰自然誌研究 14: 23-26.
栗山武夫・高木俊（2020）兵庫県の外来哺乳類（アライグマ・ハクビシン・ヌートリア）の生息と農作物被害の動向（2004-2018 年度）．兵庫ワイルドライフモノグラフ 12: 1-23.
Lekagul B and McNeely JA（1977）Mammals of Thailand. Association for the Conservation of Wildlife, Bangkok, Thailand.
Lin LK, Motokawa M and Harada M（2010）A new subspecies of the least weasel *Mustela nivalis*（Mammalia, Carnivola）from Taiwan. Mamm. Study 35: 191-200.
増田隆一（2009）ハクビシンはどこから来たか――ハクビシンの遺伝的変異．どうぶつと動物園 61: 22-25.
増田隆一（2011）日本のハクビシンは台湾からやってきた――遺伝子から探る起源と多様性．どうぶつと動物園 63: 26-29.
増田隆一（2017）哺乳類の生物地理学．東京大学出版会，東京．
増田隆一（編）（2018）日本の食肉類――生態系の頂点に立つ哺乳類．東京大学出版会，東京．
Masuda R, Kaneko Y, Siriaroonrat B, Subramaniam V and Hamachi M（2008）Genetic variations of the masked palm civet *Paguma larvata* inferred from mitochondrial cytochrome *b* sequences. Mamm. Study 33: 19-24.
Masuda R, Lin LK, Pei KJC, Chen YJ, Chang SW, Kaneko Y, Yamazaki K, Anezaki T, Yachimori S and Oshida T（2010）Origins and founder effects on the Japanese masked palm civet *Paguma larvata*（Viverridae, Carnivora), revealed from a comparison with its molecular phylogeography in Taiwan. Zool. Sci. 27: 499-505.
Masuda R, Kurose N, Watanabe S, Abramov AV, Han SH, Lin LK and Oshida T（2012）Molecular phylogeography of the Japanese weasel, *Mustela itatsi*（Carnivora: Mustelidae), endemic to the Japanese islands, revealed by mitochondrial DNA analysis. Biol. J. Linn. Soc. 107: 307-321.
増永功・小畠雅史・中西毅（2022）福山市におけるハクビシンの写真による確認記録．高原の自然史 22: 27-28.
Matsuo R and Ochiai K（2009）Dietary overlap among two introduced

and one native sympatric carnivore species, the raccoon, the masked palm civet, and the raccoon dog, in Chiba Prefecture, Japan. Mamm. Study 34: 187-194.
水野昭憲（1983）石川県にもいたハクビシン．石川県白山自然保護センター普及誌はくさん 11(3): 14-15.
森井隆三・佃百恵（1996）香川県のハクビシン．香川生物 23: 29-32.
中村一恵・石原龍雄・坂本堅五・山口佳秀（1989）神奈川県におけるハクビシンの生息状況と同種の日本における由来について．神奈川自然誌資料 10: 33-41.
那波昭善（1965）静岡県下のハクビシンについて．哺乳動物学雑誌 2: 99-105.
奈良県（2016）奈良県外来種リスト．https://www.pref.nara.jp/14680.htm（2023 年 6 月 16 日確認）
奈良市（2022）奈良市令和 2-3 年度自然環境調査報告書．https://www.city.nara.lg.jp/site/kankyoseisaku/88647.html（2023 年 6 月 16 日確認）
新潟県（2019）平成 30 年度特定野生鳥獣の管理及び有効活用の推進に関する施策の実施状況：新潟県特定野生鳥獣の管理及び有効活用の推進に関する条例（新潟県条例第 98 号）に基づく公表資料.
農林水産省（2021）全国の野生鳥獣による農作物被害状況について（令和 3 年度）．https://www.maff.go.jp/j/seisan/tyozyu/higai/hogai_zyoukyou/（2023 年 4 月 5 日確認）
小原秀雄（1964）雷獣考（浦本昌紀・小原秀雄・小森厚，著：20 世紀の新発見――現代の記録 動物の世界 I），紀伊國屋書店，東京，pp. 233-253.
小原秀雄（1970）日本野生哺乳動物記 12　ハクビシンほか．自然 25(10): 108-114.
小原秀雄（1972）続　日本野生動物記（自然選書）．中央公論社，東京.
小原巖（1961）ハクビシンの新産地．哺乳動物学雑誌 2: 29-30.
O'Brien SJ, Menninger JC and Nashi WG, eds.（2006）Atlas of Mammalian Chromosomes. John Wiley & Sons, Hoboken.
落合啓二（1998）千葉県におけるハクビシンの分布と移入経路．千葉県立中央博物館自然誌研究報告 5(1): 51-54.
越知町史編纂委員会（1984）越知町史.
岡田要監修（1956）動物の事典．東京堂出版，東京.

奥尻町（1985）珍獣ハクビシン　奥尻町で発見される．広報おくしり No. 206: 8.
奥尻町（2000）珍獣ハクビシン　またもこの島で発見．広報おくしり No. 386: 5.
奥尻町（2002）ハクビシン　生きたままの姿で撮影に成功．広報おくしり No. 408: 10.
尾曲香織・圓谷昂史・表渓太・亀丸由紀子・鈴木明世・鈴木あすみ（2022）「北海道の離島における自然・歴史・文化に関する研究」中間報告．北海道博物館研究紀要 7: 83-90.
押田龍夫（2023）台湾動物記——知られざる哺乳類の世界．東京大学出版会，東京．
Patou ML, Chen J, Cosson L, Andersen DH, Cruaud C, Couloux A, Randi E, Zhang S and Veron G（2009）Low genetic diversity in the masked palm civet *Paguma larvata*（Viverridae）. J. Zool. 278: 218-230.
Payne J, Francis CM and Philipps K（1985）A Field Guide to the Mammals of Borneo. The Sabah Society with World Wildlife Fund Malaysia, Kuala Lumpur.
Rabinowitz AR（1991）Behaviour and movements of sympatric civet species in Huai Kha Khaeng Wildlife Sanctuary, Thailand. J. Zool. 223, 281-298.
Saito W, Amaike Y, Sako T, Kaneko Y and Masuda R（2016）Population structure of the raccoon dog on the grounds of the Imperial Palace, Tokyo, revealed by microsatellite analysis of fecal DNA. Zool. Sci. 33: 485-490.
坂田宏志（2011）ヌートリア——生態・人とのかかわり・被害対策（山田文雄・池田透・小倉剛，編：日本の外来哺乳類——管理戦略と生態系保全），東京大学出版会，東京，pp. 203-230.
Šálek M, Drahníková L and Tkadlec E（2015）Changes in home range sizes and population densities of carnivore species along the natural to urban habitat gradient. Mamm. Rev. 45: 1-14.
佐々木浩（2011）シベリアイタチ——国内外来種とはなにか（山田文雄・池田透・小倉剛，編：日本の外来哺乳類——管理戦略と生態系保全），東京大学出版会，東京，pp. 259-283.
佐々木浩（2018）シベリアイタチ——対馬の在来種と西日本の外来種（増

田隆一，編：日本の食肉類――生態系の頂点に立つ哺乳類），東京大学出版会，東京，pp. 225–245.

笹森耕二（2007）青森県におけるハクビシン *Paguma larvata* の記録．青森自然誌研究 12: 51.

Seki Y and Koganezawa M（2010）Reduced home range in winter but an overall large home range of a male masked palm civet: A study in a high-altitude area of Japan. Anim. Behav. Manage. 46: 69–76.

Semiadi G *et al.* 19 persons（2016）Predicted distribution of the masked palm civet *Paguma larvata*（Mammalia: Carnivora: Viverridae）on Borneo. Raffles Bull. Zool. Suppl. 33: 89–95.

滋賀県（2019）滋賀県外来種リスト 2019. https://www.pref.shiga.lg.jp/ippan/kankyoshizen/shizen/308893.html（2023 年 6 月 16 日確認）

島岡喜和（1953）南信州に於けるハクビシン採集報告．日本哺乳動物学会報 5: 3.

島岡喜和（1955）再び南信州に於けるハクビシンに就て．日本哺乳動物学会報 12: 108–109.

鈴木欣司（1985）埼玉県に侵入したハクビシン．動物と自然 15(1): 30–33.

鈴木欣司（2005）外来どうぶつミニ図鑑③ハクビシン　里山に入り込んだ意外な古顔．日経サイエンス 1 月号: 48–50.

Swinhoe R（1862）On the mammals of the islands of Formosa（China）. Proc. Zool. Soc. London 30(1): 347–368.

立花繁信（1955）宮城県牡鹿半島のハクビシンに就て．日本哺乳動物学会報 13: 116–117.

田口五弘（1990）岐阜県におけるハクビシンの生息状況について．岐阜ふるさと動物通信 34: 525–530.

Tamada T, Siriaroonrat B, Subramaniam V, Hamachi M, Lin L-K, Oshida T, Rerkamnuaychoke W and Masuda R（2008）Molecular diversity and phylogeography of the Asian leopard cat, *Felis bengalensis*, inferred from mitochondrial and Y-chromosomal DNA sequences. Zool. Sci. 25: 154–163.

立脇隆文（2023）ハクビシンとアライグマ――個体群管理を介したロードキル対策（柳川久，監修／塚田英晴・園田陽一，編：野生動物のロードキル），東京大学出版会，東京，pp. 99–115.

Tatewaki T and Koike F（2018）Synoptic scale mammal density index

map based on roadkill records. Ecol. Indicat. 85: 468–478.
Tei K, Kato T, Hamamoto K, Hayama S and Kawakami E（2011）Estimated months of parturition and litter size in female masked palm civets（*Paguma larvata*）in Kanagawa Prefecture and Tokyo Metropolis. J. Vet. Med. Sci. 73: 231–233.
栃木県（2021）栃木県アライグマ・ハクビシン防除実施計画．https://www.pref.tochigi.lg.jp/d04/23araigumakeikaku.html（2023年6月19日確認）
東北農政局（2021）野生鳥獣による農作物被害状況．東北地域の作物被害状況（令和3年度）https://www.maff.go.jp/tohoku/seisan/tyozyu/higai/index.html（2023年6月8日確認）
Torii H and Miyake T（1986）Litter size and sex ratio of the masked palm civet, *Paguma larvata*, in Japan. Jpn. J. Mamm. Soc. Japan: 11: 35–38.
鳥居春己・大場孝裕（1996）ハクビシンの行動域について（静岡県生活・文化部自然保護課：静岡県ハクビシン調査報告書），pp. 13–28.
鳥屋部文香・斎藤昌幸（2020）山形県庄内地方の農村景観における外来哺乳類ハクビシンの行動圏推定事例．自然環境科学研究 33: 15–20.
Toyoda H, Eguchi Y, Firuya M, Uetake K and Tanaka T（2012）Seasonal changes in body size and reproductive status of masked palm civets（*Paguma larvata*）captured in Saitama Prefecture, Japan. Anim. Behav. Manage. 48: 57–65.
宇田川龍男（1952）甲駿地区のハクビシンに就て．日本哺乳動物学会報 3: 4.
宇田川龍男（1954）本州中部産のハクビシンについて．山階鳥類研究所研究報 1: 174–175.
浦野信孝・西川喜朗・藤田俊児・松尾淳一（2000）大阪府北部でハクビシンを発見．Nature Study 46(11): 10.
和歌山県（2019）和歌山県の外来種リスト．https://www.pref.wakayama.lg.jp/prefg/032000/032500/gairai/list.html（2023年6月16日確認）
Wozencraft WC（2005）Order Carnivora. *In*:（DE Wilson and DM Reeder, eds.）Mammal Species of the World: A Taxonomic and Geographic Reference, 3rd ed. Vol. 1, The Johns Hopkins University Press, Baltimore, pp. 532–628.
山本貴仁（1996）新居浜市で拾得されたハクビシンの死体解剖事例につい

て．愛媛県総合科学博物館研究報告 1: 65–66.
山下弘（1963）ハクビシンの出産について．動物園水族館雑誌 5(3): 87–88.
安井謙介（2003）豊橋市におけるハクビシンの分布状況．豊橋市自然史博研報 13: 21–23.
吉岡郁夫（2007）雷獣考．比較民俗研究 21: 35–50.
吉行瑞子（1992）奥尻島から新記録のハクビシン．自然環境科学研究 5: 1–5.
Zhou Y, Newman C, Palomares F, Zhang S, Xie Z and Macdonald DW (2014) Spatial organization and activity patterns of the masked palm civet (*Paguma larvata*) in central-south China. J. Mammal. 95: 534–542.
Zhou Y, Wang S and Ma J (2017) Comprehensive species set revealing the phylogeny and biogeography of Feliformia (Mammalia, Carnivora) based on mitochondrial DNA. PLoS ONE 12(3): e0174902.

国立感染症研究所のホームページ「コロナウイルスとは」(2021 年 9 月 30 日改訂） https://www.niid.go.jp/niid/ja/kansennohanashi/9303-coronavirus.html

[著者略歴]

一九六〇年　岐阜県に生まれる
一九八九年　北海道大学大学院理学研究科博士課程動物学専攻修了
　　　　　　アメリカ国立がん研究所研究員、北海道大学助手、助教授、准教授などを経て、
現在　　　　北海道大学大学院理学研究院教授、理学博士
　　　　　　二〇一九年度日本哺乳類学会賞・日本動物学会賞受賞
専門　　　　動物地理学・分子系統進化学

[主要著書]

『保全遺伝学』（分担執筆、二〇〇三年、東京大学出版会）
『動物地理の自然史』（共編、二〇〇五年、北海道大学出版会）
『哺乳類の生物地理学』（二〇一七年、東京大学出版会）
『日本の食肉類』（編、二〇一八年、東京大学出版会）
『ユーラシア動物紀行』（二〇一九年、岩波書店）
『ヒグマ学への招待』（編、二〇二〇年、北海道大学出版会）
『うんち学入門』（二〇二一年、講談社）
『はじめての動物地理学』（二〇二一年、岩波書店）ほか多数

ハクビシンの不思議
どこから来て、どこへ行くのか

二〇二四年一月一五日　初　版

検印廃止

著　者　増田隆一（ますだりゅういち）

発行所　一般財団法人　東京大学出版会
代表者　吉見俊哉
一五三-〇〇四一　東京都目黒区駒場四—五—二九
電話：〇三—六四〇七—一〇六九
振替：〇〇一六〇—六—五九九六四

印刷所　株式会社　精興社
製本所　牧製本印刷株式会社

ISBN 978-4-13-063958-3 Printed in Japan